普通高等教育"十三五"规划教材

化工综合实验与实训

李德江　胡为民　李德莹　主编

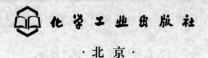

化学工业出版社

·北京·

本书包括化工原理实验、化工设备基础实验、化工热力学与化学反应工程实验、化工分离实验、化工实训与仿真、精细化工产品生产实训六章内容，共计 28 个实验。

本书内容接近工厂实际生产条件，能够达到训练学生工程能力的目的。可作为化学化工、制药工程、生物工程、食品工程等理工科专业的实验课教材，也可供相关工程技术和研发人员参考。

图书在版编目（CIP）数据

化工综合实验与实训/李德江，胡为民，李德莹主编.
北京：化学工业出版社，2016.6
普通高等教育"十三五"规划教材
ISBN 978-7-122-26934-8

Ⅰ.①化…　Ⅱ.①李…②胡…③李…　Ⅲ.①化学工业-
化学实验-高等学校-教材　Ⅳ.①TQ016

中国版本图书馆 CIP 数据核字（2016）第 088980 号

责任编辑：魏　巍　甘九林　赵玉清　　　装帧设计：关　飞
责任校对：宋　玮

出版发行：化学工业出版社（北京市东城区青年湖南街 13 号　邮政编码 100011）
印　　刷：北京云浩印刷有限责任公司
装　　订：三河市瞰发装订厂
710mm×1000mm　1/16　印张 10½　字数 201 千字　2016 年 9 月北京第 1 版第 1 次印刷

购书咨询：010-64518888（传真：010-64519686）　　售后服务：010-64518899
网　　址：http://www.cip.com.cn
凡购买本书，如有缺损质量问题，本社销售中心负责调换。

定　　价：28.00 元　　　　　　　　　　　　　　　　版权所有　违者必究

前　言

　　工程意识与工程实践能力是工程师最重要、最基本的素质之一，也是当今高等工程教育的薄弱环节之一。工程教育必须注重加强学生工程意识的培养，使他们能独立思考各种工程问题，具备工程简化能力，建立合理、经济、简便解决实际工程的能力，使学生成为合格的高级工程技术人才，以培养出知识面宽广且具有较强创新能力的人才。化工综合实验与实训作为化工类创新人才培养过程中重要的实践环节，在化工教育中起着重要的作用，它具有直观性、实践性、综合性和创新性，而且还能培养学生具有一丝不苟、严谨的工作作风和实事求是的工作态度。因此，本书以培养实验研究过程中所需的各种能力和素质为目的，以强化创新能力为重点，对化工实验进行了相应的改革，充实了实验内容。

　　本书作为化工专业实验教材，具有如下特点：(1) 将实验研究过程中所需要的各种能力，通过不同的实验来培养，而工作作风和态度的培养则贯穿于每个实验环节；(2) 实验内容通过必做和选做的结合，来达到因材施教的目的；(3) 实验内容尽可能接近工厂实际生产条件，以训练学生工程实践能力。

　　本书共六章，由三峡大学李德江、胡为民、李德莹主编。参加编写的人员分工如下：李德莹、晏佳莹编写第一章；张争光、席祖江编写第二章；刘杨、陈卫丰编写第三章；胡为民编写第四章、第五章；李德江、代忠旭、胡玉林编写第六章。全书由李德江统稿。

　　由于编者水平有限，编写时间仓促，书中难免有不妥之处，恳切希望读者批评指正。

编者

2016 年 1 月

目　录

第六章　精细化工产品生产实训　/ 140

参考文献　/ 160

第一章

化工原理实验

实验 1　流体流动阻力的测定

一、实验目的

1. 学会测定流体流经直管和管件时阻力损失的实验流程设计思路及测定摩擦系数的工程意义。

2. 学会用量纲分析方法解决工程实际问题。

3. 了解与本实验有关的各种流量测量仪表、压差测量仪表的结构特点和安装方式，掌握其测量原理，学会正确使用。识别管路中各个管件、阀门的作用。

二、实验内容

1. 测定流体流过直管的阻力，确定摩擦系数与雷诺数 Re 的关系。

2. 测定阀门的阻力系数 ξ。

三、实验原理

流体在由直管和管件（三通、肘管、大小弯头）、阀门组成的管路中流动时，由于黏性剪应力和涡流的存在，不可避免地要消耗一定的机械能。流体在直管中流动造成机械能损失称为直管阻力损失。而流体流经阀门管件等的局部障碍所造成的机械损失，称为局部阻力损失。

直管阻力损失，表现在水平均匀管路中两截面的压强降低，即

$$h_f = \frac{p_1 - p_2}{\rho}$$

因为影响阻力损失的因素很多，即 $h_f = f(d, l, \mu, \rho, u, \varepsilon)$，所以，采用量纲分析指导下的实验研究方法。根据量纲分析法，将 $h_f = \dfrac{\Delta p}{\rho} = f(d, l, \mu, \rho, u, \varepsilon)$ 组合成无量纲式：

$$\frac{\Delta P}{\rho u^2} = \varphi\left(\frac{du\rho}{\mu}, \frac{l}{d}, \frac{\varepsilon}{d}\right) \tag{1-1}$$

变换式(1-1)，得

$$\frac{\Delta P}{\rho} = \frac{l}{d}\varphi\left(Re, \frac{\varepsilon}{d}\right) \cdot \frac{u^2}{2} \tag{1-2}$$

由式(1-2) 可知

$$h_f = \frac{\Delta P}{\rho} = \lambda \cdot \frac{l}{d} \cdot \frac{u^2}{2} \tag{1-3}$$

式(1-3) 中的 λ，即为直管摩擦系数，它可表示成 $\lambda = \varphi\left(Re, \dfrac{\varepsilon}{d}\right)$。它只是雷诺数及管壁相对粗糙度的函数，确定它们之间的关系，只要用水作物系，在实验室规模的装置中进行实验即可得知 λ 值，就可计算任何物系的流体在管道中的阻力损失，使实验结果具有普遍意义。

局部阻力损失，用局部阻力系数法表示，可写成 $h_f = \xi \dfrac{u^2}{2}$。

四、实验装置及流程示意图（图 1-1）

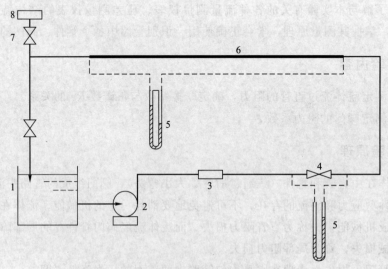

图 1-1　阻力实验流程示意图

1—水槽；2—泵；3—涡轮流量计；4—局部阻力阀；5—U 形压差计；

6—待测管道；7—放气阀；8—平衡阀

五、实验操作要点

（一）排气

1. 总管路排气

关闭出口控制阀，压差计平衡阀、局部阻力闸阀全开，启动泵。全开出口控制阀，让水流动 10～15s 后再将其关闭，再打开总管路排气考克，让水排出10～15s 后关闭排气考克。

2. 测压导管排气

打开压差计的平衡阀，将 U 形压差计上方两个排气的考克轮流开启、关闭数次。

3. 压差计排气

关闭压差计上方的平衡阀，将 U 形压差计上方的两个排气考克轮流开启、关闭数次。

（二）检验排气是否彻底

将控制阀开至最大，再关至为零，看 U 形压差计读数，若左右读数相等，则判断为系统排气彻底；若左右读数不等，则重复上述步骤（一）。

（三）局部阀开度的调节

排气工作完成后，把全开着的闸阀逐渐关闭，记录其旋转的圈数。再逐渐将闸阀旋开，估计压差计水银不会冲出时，打开出口控制阀至最大，再逐渐开大闸阀，直至压差计水银所显示的直管压降和局部压降大约相等为止。

（四）测试

上述步骤完成后，依次从大到小调节流量并测得相应的涡轮流量计转速、直管阻力压差及局部阻力压差。

六、实验注意事项

1. 压差计排气时眼睛要注视着 U 形压差计中的指示剂水银液面的上升，防止指示剂冲出。

2. 由于系统的流量计量采用涡轮流量计，其小流量受到结构的限制，因此，从大流量做起，实验数据比较准确。

3. 在安排测试点时，大流量稀一些，小流量密一些。压差计读数的数据记录应该为原始数据。

七、原始数据记录

（一）设备参数

1. 蜗轮流量变送器编号：____。
2. 蜗轮流量变送器仪表常数：____。
3. 管道材质：____。

（二）原始数据记录

1. 常数记录

管长：____；管径：____；水温：____。

2. 实验记录

按照实验要求设计实验记录表。

八、实验报告

1. 将实验数据整理成 $\lambda\text{-}Re$ 数据表，在双对数坐标纸上绘制 $\lambda\text{-}Re$ 曲线。
2. 确定阀门的阻力系数。
3. 实验结果讨论与分析。

九、思考题

1. 为了确定 $\lambda\text{-}Re$ 的函数关系要测定哪些数据？宜选用什么仪器仪表来测定？如何处理数据？
2. 为什么要进行排气操作？如何排气？为什么操作失误可能将 U 形管中的水银冲走？
3. 在进行测试系统的排气工作时，是否应关闭系统的出口阀门？为什么？
4. 如何检验测试系统内的空气已经被排除干净？
5. 在 U 形压差计上设置"平衡阀"有何作用？在什么情况下它是开着的？又在什么情况下它应该是关闭的？
6. 不同管径、不同水温下测定的 $\lambda\text{-}Re$ 数据能否关联到一条曲线上，为什么？
7. 以水为工作流体测定的 $\lambda\text{-}Re$ 曲线能否用于计算空气在管内的流动阻力，为什么？
8. 你在本实验中掌握了哪些测试流量、压强的方法？它们各有什么特点？

实验 2　离心泵特性曲线的测定

一、实验目的

1. 了解离心泵的工作原理、结构和性能，熟悉离心泵的操作。
2. 学会离心泵特性曲线的测定方法，正确掌握用作图法处理实验数据。

二、实验内容

测定并绘制离心泵在一定转速下的特性曲线。

三、实验原理

离心泵是一种液体输送机械，它借助泵的叶轮高速旋转，使充满在泵体内的液体在离心力的作用下，从叶轮中心被甩至边缘，在此过程中液体获得能量，提高了静压能和动能。液体在离开叶轮进入壳体时，由于流动截面积的增大，部分动能变成静压能，进一步提高了静压能。泵是输送流体的机械，使用时须根据生产要求的扬程和流量，参照泵的特性，即在一定转速下，根据泵的流量、扬程、功率和效率，选择适用的泵。

由于实际使用时，泵的叶片是有限的，且液体在流动中摩擦及各种局部阻力、流量变化而引起各种损失，理论扬程和实际扬程之间有差值，但这个差值难以计算，因此，对每台泵的特性必须实测。实测时，在泵的进出口管上装有真空表和压强表，根据真空表和压强表读数可计算泵的扬程 H_e。计算式为：

$$H_e = H_压 + H_真 + h_o + \frac{u_2^2 - u_1^2}{2g}$$

式中　　h_o——两测压表中心之间的垂直距离，m；

$H_压$、$H_真$——压强表所测的读数 m-H_2O；

u_2、u_1——出口和进口管中液体的流速，m/s。

实测时，由功率表测得功率，并算出效率，即泵的有效功率 N_e 和轴功率 $N_轴$ 之比。其中

$$N_e = \frac{H_e V_e \rho}{102} \times 100\%$$

将一定转速下运转时测得的各种流量对应的扬程、轴功率、效率等值，整理后，对流量作图，即可得离心泵的特性曲线。

四、实验装置及流程示意图（图 2-1）

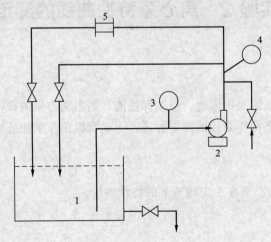

图 2-1　离心泵特性曲线测定实验装置流程示意图
1—循环水箱；2—离心泵；3—真空表；4—压力表；5—流量计

五、实验操作要点

1. 准备工作

关闭出口阀及功率表开关。

2. 灌泵

打开引水阀及泵的排气阀，给泵灌水直至与排气考克相连的管路中流出的水无气泡。

3. 测试

启动泵，打开功率表开关，打开出口阀直至最大，流量从大到小变化测得数组数据。布点时大流量密一些，可测得最高效率值，小流量稀一些。每次流量变化后，稍隔数分钟，读取转速、功率、真空度、压力等数据，记在原始数据表格中。

六、实验注意事项

1. 泵启动前要灌泵。

2. 启动泵前要先关闭出口阀，待启动后，再逐渐开大，而停泵时，也要先关闭出口阀。

七、原始数据记录

（一）设备参数

1. 蜗轮流量计：_____。

2. 仪表常数：____。

3. 功率表常数：____。

4. 泵转速：____。

（二）原始数据记录

按照实验要求设计实验记录表。

八、实验报告

1. 在同一张坐标纸上绘制一定转速下的 H_e-Q 曲线、N_e-Q 曲线、η-Q 曲线；并且在图上注明离心泵的型号和转速。

2. 实验结果讨论与分析。

九、思考题

1. 离心泵启动前为什么要先灌水排气？本实验装置中的离心泵在安装上有何特点？

2. 启动泵前为什么要先关闭出口阀，待启动后，再逐渐开大？而停泵时，也要先关闭出口阀？

3. 离心泵的特性曲线是否与连接的管路系统有关？

4. 离心泵流量增大时，压力表与真空表的数值将如何变化？为什么？

5. 离心泵什么情况下会出现汽蚀现象？

6. 离心泵在其进口管上安装调节阀门是否合理？为什么？

◀ 实验 3 过滤实验 ▶

一、实验目的

1. 了解过滤器的构造，掌握会板式过滤器的操作方法。
2. 掌握过滤过程的简化工程处理方法及过滤常数的测定。

二、实验内容

测定恒压操作条件下过滤常数 K、q_e。

三、实验原理

过滤是借助一种能将固体物截留而让流体通过的多孔介质，将固体物从液体或气体中分离出来的过程。因此过滤在本质上是流体通过固体颗粒层的流动，所不同的是这个固体颗粒层的厚度随着过滤过程的进行不断增加，因此在势能差不变的情况下，单位时间通过过滤介质的液体量也在不断下降，即过滤速度不断降低。过滤速度 u 的定义是单位时间、单位过滤面积内通过过滤介质的滤液量，即

$$u = \frac{\mathrm{d}V}{A\,\mathrm{d}\tau} = \frac{\mathrm{d}q}{\mathrm{d}\tau} \tag{3-1}$$

式中　A——过滤面积，m^2；

$\quad\quad\tau$——过滤时间，s；

$\quad\quad V$——通过过滤介质的滤液量，m^3。

在恒压条件下，过滤速度 u 与 τ 成反比，累计滤液量 V（或 q）与时间 τ 成正比。过滤速率 $\frac{\mathrm{d}q}{\mathrm{d}\tau}$ 与时间 τ 之间的关系如图 3-1 所示，单位面积的累计滤液量 q 和时间 τ 的关系如图 3-2 所示。

影响过滤速率的因素有势能，滤饼厚度，滤饼及悬浮液性质，滤液温度，过滤介质阻力等，难以用严格的流体力学方法处理。比较过滤过程与流体经过固定床的流动情况可知：过滤速率即为流体经过固定床的表观速度 u。同时，液体在由细小颗粒构成的滤饼空隙中的流动属于低雷诺数范围。

因此，可利用流体通过固定床压降的简化数学模型，寻求滤液量 q 和时间 τ 的关系，在低雷诺数 ε 下，可用康采尼（Kozeny）的计算式，即

$$u = \frac{\mathrm{d}q}{\mathrm{d}\tau} = \frac{\varepsilon^3}{(1-\varepsilon)^2 a^2} \times \frac{1}{K'\mu} \times \frac{\Delta p}{L} \tag{3-2}$$

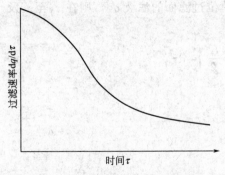

图 3-1　过滤速率与时间的关系　　　　图 3-2　累计滤液量与时间的关系

对于不可压缩滤饼，由上式可以导出过滤速率的计算式为

$$\frac{\mathrm{d}q}{\mathrm{d}\tau} = \frac{\Delta p}{r\phi\mu(q+q_{\mathrm{e}})} = \frac{K}{2(q+q_{\mathrm{e}})} \tag{3-3}$$

$$q_{\mathrm{e}} = \frac{V_{\mathrm{e}}}{A} \tag{3-4}$$

式中　　Δp——压降，Pa；

　　　　V_{e}——形成与过滤介质阻力相等的滤饼层所得的滤液量，m^3；

　　　　r——滤饼的比阻，m^{-2}；

　　　　ϕ——体积分数，m^3 固体/m^3 悬浮液；

　　　　μ——黏度，$\mathrm{Pa \cdot s}$；

　　　　K——过滤常数，m^2/s。

在恒压差过滤时，上述微分方程积分：

$$\int_0^q (q+q_{\mathrm{e}})\mathrm{d}q = \frac{K}{2}\int_0^\tau \mathrm{d}\tau \tag{3-5}$$

即可得：

$$q^2 + 2qq_{\mathrm{e}} = K\tau \tag{3-6}$$

由上述方程可计算在过滤设备、过滤条件一定时，过滤一定滤液量所需的时间，或过滤条件一定时为了完成一定生产任务，所需要过滤设备的大小。利用上述方程计算时，需要知道 K、q_{e} 等常数，而 K、q_{e} 常数只有通过实验才能测定。

在用实验方法测定过滤常数时，需将上述方程变换成如下形式：

$$\frac{\tau}{q} = \frac{1}{K}q + \frac{2}{K}q_{\mathrm{e}} \tag{3-7}$$

因此实验时，只要维持操作压强恒定，计取过滤时间和相应的滤液量。以 $\frac{\tau}{q}$~q 作图得一直线，读取直线斜率 $\frac{1}{K}$ 和截距 $\frac{2}{K}q_{\mathrm{e}}$ 即可求取常数 K 和 q_{e}，或者将 $\frac{\tau}{q}$~q 的数据用最小二乘法求取 $\frac{1}{K}$ 和 $\frac{2}{K}q_{\mathrm{e}}$ 的值，进而求取常数 K 和 q_{e}。

若在恒压过滤之前的 τ_1 时间内已通过单位过滤面的滤液 q_1，则在 τ_1 至 τ 及 q_1 至 q 范围内积分：

$$\int_{q_1}^{q}(q+q_e)\mathrm{d}q = \frac{K}{2}\int_{\tau_1}^{\tau}\mathrm{d}\tau \tag{3-8}$$

整理得：

$$\frac{\tau-\tau_1}{q-q_1} = \frac{1}{K}(q-q_1) + \frac{2}{K}(q_1+q_e) \tag{3-9}$$

或：

$$\frac{\tau-\tau_1}{q-q_1} = \frac{1}{K}(q+q_1) + \frac{2}{K}q_e \tag{3-10}$$

上式表明，$q+q_1$ 和 $\dfrac{\tau-\tau_1}{q-q_1}$ 为线性关系，从而能方便地求出过滤常数 K 和 q_e 的值。

四、实验装置及流程示意图

实验装置由配料桶、供料泵、过滤器、滤液计量筒等组成。可进行过滤、洗涤和吹干三项操作过程。

碳酸钙（CaCO$_3$）的悬浮液在配料桶内配成一定浓度后，由供料泵输入系统。为阻止沉淀，料液在供料泵管路中循环。浆液经过滤机过滤后，滤液流入计量筒。过滤完毕后可用洗涤水洗涤。图 3-3 为过滤常数测定实验装置流程示意图。

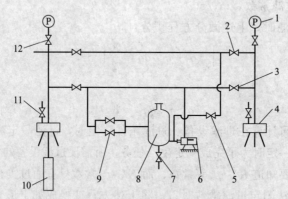

图 3-3　过滤常数测定实验装置流程示意图

1—压力表；2—清洗水阀；3—进料阀；4—滤器；5—进水阀；6—泵；7—排料阀；
8—料槽；9—压力调节阀；10—计量筒；11—放空阀；12—压力表开关

五、实验操作要点

1. 过滤器安装

将已配制好的一定波美度的轻质碳酸钙悬浮液倒入料液桶，安装好过滤器，注意安装顺序为由上至下：底座、滤板、滤布、框（凹面在上，凸面在下）、分布板、盖板，随后对称拧紧四个螺栓。

2. 滤液计量的准备

在计量筒中倒入一定量的清水，使滤液计量筒中有读数，记下液面高度，以便确定测量基准。关闭料液出口阀，打开循环管路上方形管路中上方的阀门，关闭下面的阀门，启动泵，系统开始打循环。

3. 非恒压操作

系统打循环数分钟后，一人缓慢打开料液阀及压力表开关，让压力慢慢上升，同时，用滤器上的放气阀放气。另一人两手各执一秒表，在有第一滴滤液滴出时，迅速启动一个秒表，待控制压力阀的人通知压力恒定时，双手同时摁下秒表，即停止第一个秒表和启动另一个秒表，并记下滤液上升的高度和所用的时间，这时所得的数据为非恒压（恒速）操作的时间 τ_1 和 H_1，经处理后可得 q_1。

4. 恒压操作

在恒压的条件下，每上升 2cm 或 1cm，交替启动、停止两只秒表，计时计量，至滤液每上升 1cm 时间超过 180s 时结束。恒压操作时，循环管路上两个阀门的开度调节好以后，在操作过程中，系统的操作压力能一直保持恒定（约 0.08MPa）。

5. 结束工作

实验结束时，打开放气阀，先给过滤器泄压，然后再拆卸、清洗过滤器。滤饼回收后，可重复使用。

六、实验注意事项

1. 本实验用碳酸钙（$CaCO_3$）悬浮液的浓度约在 8.0°Bé，用供料泵使其循环搅匀，并可防止产生沉淀。启动泵之前必须了解泵的性能，掌握其操作方法。

2. 滤布在装上设备之前要用水先浸湿。

3. 实验操作压强一般可视配制的滤浆浓度选定，压强选得太高将使得过程进行太快，来不及读数；若选得太低则实验时间增加，一般在上述浓度时压强可选 0.08MPa 以下。

4. 实验初始阶段不是恒压操作，而是接近恒速操作。因此可采用两只秒表交替计时，记下时间和滤液量，并确定恒压开始时间 τ_1 和相应滤液量 q_1。

5. 当滤液量很少，滤饼已充满滤框，过滤时间超过 3min 时，过滤阶段可结束。

七、原始数据记录

（一）操作参数

浆料：____；过滤器直径：____；滤液筒直径：____；操作压力：____。

（二）实验数据记录

按照实验要求设计实验记录表。

八、实验报告

1. 以累计滤液量 q 对时间 τ 作图。

2. 以 $\dfrac{\tau - \tau_1}{q - q_1}$ 对 $q + q_1$ 作图，求出 K、q_e，并写出完整的过滤方程式。

3. 进行实验方法讨论，结论分析及工程意义分析。

九、思考题

1. 过滤刚开始时，为什么滤液经常是浑浊的？

2. 在恒压过滤中，初始阶段为什么不采取恒压操作？

3. 如果滤液的黏度比较大，可考虑用什么方法改善过滤速率？

4. 当操作压强增加一倍，其 K 值是否也增加一倍，要得到同样的过滤量时，其过滤时间是否缩短一半？

实验 4　换热器的操作及传热系数的测定

一、实验目的

1. 了解换热器的结构。
2. 掌握换热器主要性能指标的标定方法。
3. 学会换热器的操作方法。

二、实验内容

1. 测定空气-水系统在常用流速范围内的传热系数。
2. 分析空气-水系统传热阻力。

三、实验原理

在工业生产中，间壁式换热器是经常使用的换热设备。热流体借助于传热壁面，将热量传递给冷流体，以满足生产工艺的要求。由于传热元件（如列管换热器的管束）的结构形式繁多，由此构成的各种换热器之间性能差异较大。了解换热器的性能可以合理地选用或设计换热器。除了文献资料外，实验测定换热器的性能是重要途径之一。传热系数是度量换热器性能好坏的重要指标，对该指标进行实测是生产实践中经常遇到的问题。

列管换热器是一种间壁式的传热装置。冷热流体间的传热过程是由热流体对壁面的对流传热、间壁的热传导以及壁面对冷流体的对流传热三个子过程组成，如图 4-1 所示。

传热速率方程为：

$$Q = K \cdot A \cdot \Delta t_m \tag{4-1}$$

$$\Delta t_m = \Delta t_{m逆} \cdot \varepsilon_{\Delta t} \tag{4-2}$$

$$\Delta t_{m逆} = \frac{(T_1 - t_2) - (T_2 - t_1)}{\ln \dfrac{T_1 - t_2}{T_2 - t_1}} \tag{4-3}$$

式中　Q——传热量，W；

　　　K——传热系数，W/(m²·℃)；

　　　A——传热面积，m²；

　　　T_1——换热器进口热流体温度，℃；

　　　T_2——换热器出口热流体温度，℃；

　　　t_1——换热器进口冷流体温度，℃；

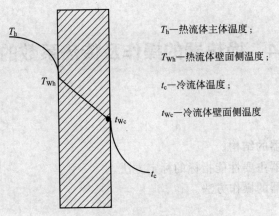

T_h—热流体主体温度；

T_{wh}—热流体壁面侧温度；

t_c—冷流体温度；

t_{wc}—冷流体壁面侧温度

图 4-1　间壁式传热示意图

t_2——换热器出口冷流体温度，℃；

Δt_m——传热对数平均温度差，℃；

$\Delta t_{m逆}$——传热对数平均逆流温度差，℃；

$\varepsilon_{\Delta t}$——传热平均温差修正系数。

逆流时 $\varepsilon_{\Delta t}=1$，对于单壳程、双管程或二管程以上的 $\varepsilon_{\Delta t}$ 可在文献中查得。

$$P=\frac{t_2-t_1}{T_1-t_1} \qquad R=\frac{T_1-T_2}{t_2-t_1}$$

热量衡量方程为：

$$Q=q_m C_p \Delta t=q_m C_p (t_2-t_1) \qquad (4-4)$$

式中　Δt——流体进出口温度差，℃；

q_m——质量流量，kg/s；

C_p——比热，kJ/(kg·℃)。

可见，传热系数 K 可借助于传热速率方程式和热量衡量方程式求取。由传热速率方程式可知：影响传热量的参数有传热面积 A，传热系数 K 和过程的平均温差 Δt_m 三个要素。当生产工艺决定了流体的进出口温度后，传热负荷的变化随流体的流速变化而变化，采用改变流体的流速能较方便地满足生产工艺的要求。

以冷流体一侧传热面积为基准的传热系数计算式为：

$$K=\frac{1}{\dfrac{1}{\alpha_c}+\dfrac{\delta A_c}{\lambda A_m}+\dfrac{A_c}{\alpha_h A_h}} \qquad (4-5)$$

式中　α_c——冷流体的给热系数，W/(m²·℃)；

α_h——热流体的给热系数，W/(m²·℃)；

δ——固体壁的厚度，m；

λ——固体壁的导系数，W/(m²·℃)；

A_h——换热器的热流体侧传热面积，m²；

A_m——换热器的固体壁平均传热面积，m²；

A_c——换热器的冷流体侧传热面积，m^2。

对已知的物系和确定的换热器，上式可表示为：

$$K = f(q_{mh}, q_{mc}) \tag{4-6}$$

式中　q_{mh}——质量流量（热流体），kg/s；
　　　q_{mc}——质量流量（冷流体），kg/s。

由此可知，通过分别考察冷热流体流量对传热系数的影响，可了解某个传热过程的性能。即可以通过测定、讨论不同流速下的总传热系数 K 值，找出其变化的规律，从而分析传热阻力的控制因素。

四、实验装置及流程示意图

本设备是无相变的气-液换热系统（图 4-2）。选用水为冷流体，空气为热流体。空气经加热器加热后，作为热介质，自来水作为冷介质。换热器是单壳程双管程的列管换热器。

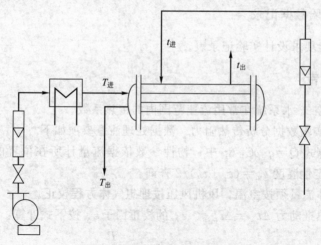

图 4-2　传热实验装置示意图

五、实验操作要点

1. 开通冷流体，由调节阀调节冷流体流量。

2. 开通风源，由调节阀调节空气流量，接通电源，在智能温度调节仪表上设定控制温度为 100～120℃。

3. 维持冷热流体流量不变，热空气进口温度在一定时间内（约 10min）基本不变时，可记录有关数据。

4. 测定传热系数 K 时，在维持冷流体（或热空气）流量不变的情况下，根据实验布点的要求，改变热空气（或冷流体）流量若干次。

5. 实验结束，关闭加热电源，待热空气温度降至 60℃ 以下，关闭冷热流体调节阀，并关闭冷热流体源。

六、实验注意事项

1. 先开水，后开气源，开气源后才可开加热，以免电阻丝被烧坏。

2. 做完实验后应先关加热源，等气体温度降低至 60℃后，方可关闭气源。

3. 每改变一次冷水流量和空气流量，必须待热空气的进口及冷水出口温度稳定后，再读取数据。空气流量改变后，加热量随之改变。

4. 气源不可在零流量下工作，应用旁路阀调节为宜。

七、原始数据记录

(一) 设备参数

换热器型号：____；换热器换热面积：____。

(二) 实验数据记录

按照实验要求设计实验记录表。

八、实验报告

1. 计算空气-水系统在常用流速范围内的传热系数。

2. 根据实验数据分析传热阻力。数据处理注意事项如下。

(1) 计算式 $Q = q_v \rho C_p \Delta t$ 中，物性参数依据流量计所在位置的流体温度查询。C_p 依据定性温度 $t_m = (t_1 + t_2)/2$ 查询。

(2) 气体流量须按室温，风机风压按理想气体方程校正。

(3) 传热推动力 $\Delta t_m = \Delta t_{m逆} \cdot \varepsilon_{\Delta t}$ 的校正因子 $\varepsilon_{\Delta t}$ 按下式计算：

$$\varepsilon_{\Delta t} = \frac{R' \cdot \ln \dfrac{1-P}{1-R \cdot P}}{(R-1) \cdot \ln \dfrac{2-P(R+1-R')}{2-P(R+1+R')}}$$

其中 $R = \dfrac{T_1 - T_2}{t_1 - t_2}$，$R' = \sqrt{R^2 + 1}$，$P = \dfrac{t_2 - t_1}{T_1 - t_1}$。

(4) 传热量 Q 以冷水获得的热量为基准。

九、思考题

1. 影响传热系数 K 的因素有哪些？

2. 在本实验条件下，提高冷却水的用量，是否能达到有效强化传热过程的目的？

3. 在传热中，有哪些工程因素可以调动，你在操作中主要调动哪些因素，应如何着手？

实验 5　填料吸收塔的操作及吸收传质系数的测定

一、实验目的

1. 了解填料吸收塔的结构和流程。
2. 了解吸收剂进口条件的变化对吸收操作结果的影响。
3. 掌握吸收总传质系数 K_ya 的测定方法。

二、实验内容

在不同的操作条件（吸收剂的流量、温度，空气的流量）下，测定气体进出口浓度，由此计算组分回收率 η，传质推动力 Δy_m，总传质系数 K_ya。

三、实验原理

吸收操作是分离气体混合物的方法之一，在实际操作过程中往往同时具有净化与回收双重目的。

(一) 吸收速率

吸收是一个传质过程。传质速率由吸收速率方程决定：

$$N_\mathrm{A} = K_y a V \Delta y_\mathrm{m} \tag{5-1}$$

式中　N_A——传质速率，mol/s；

　　　　V——填料层堆积体积，m^3；

　　　Δy_m——塔顶、塔底气相平均推动力；

　　　$K_y a$——气相总容积吸收传质系数，$\mathrm{mol/(m^3 \cdot s)}$。

可知，N_A 的大小既与设备因素有关，又与操作因素有关。设备因素包括填料层高度 H、填料特性及放置方式。操作因素包括气相总容积吸收传质系数 $K_y a$，气相平均推动力 Δy_m。

根据双膜理论，在一定的气温下，吸收总容积吸收传质系数 $K_y a$ 可表示成：

$$\frac{1}{K_y a} = \frac{1}{k_y a} + \frac{m}{k_x a} \tag{5-2}$$

由 $k_y a = A \cdot G^a$ 和 $k_x a = B \cdot L^b$，综合可得 $K_y a = C \cdot G^a L^b$，可见 $K_y a$ 与气体流量及液体流量均有密切关系。吸收过程分为气膜控制、液膜控制和双膜控制。

气相平均推动力可由下式计算：

$$\Delta y_m = \frac{\Delta y_1 - \Delta y_2}{\ln \dfrac{\Delta y_1}{\Delta y_2}} \tag{5-3}$$

其中 $\Delta y_1 = y_1 - y_1^* = y_1 - mx_1$，$\Delta y_2 = y_2 - y_2^* = y_2 - mx_2$。从吸收的操作线和相平衡线的相对位置可以分析该塔是塔顶接近平衡，还是塔底接近平衡。

（二）吸收塔的操作和调节

吸收操作的结果最终表现为出口气体的组成 y_2，或组分的回收率 η。因此，气体出口浓度 y_2 或者回收率是度量该吸收塔性能的重要指标。在低浓度气体吸收时，回收率 η 可按下式计算：

$$\eta = \frac{y_1 - y_2}{y_1} = 1 - \frac{y_2}{y_1} \tag{5-4}$$

吸收塔的气体进口条件是由前一道工序决定的，吸收剂的进口条件：流率 L、温度 T、浓度 x_2 是控制和调节吸收操作的三要素。

改变吸收剂用量是对吸收过程进行调节的最常用方法。当气体流率 G 不变时，增加吸收剂流率，吸收速率 N_A 增加，出口气体的组成 y_2 减少，回收率 η 增大。当液相阻力较小时，增加吸收剂流量，总传质系数变化较小或基本不变，回收率的增加主要是由于传质平均推动力 Δy_m 的增大而引起，即此时吸收过程的调节主要靠传质推动力的变化。当液相阻力较大时，增加吸收剂流量，总传质系数大幅度增加，而传质平均推动力 Δy_m 可能减少，但总的结果使传质速率增大，溶质吸收量增大。

降低吸收剂的温度，使气体的溶解度增大，相平衡常数减少。对于液膜控制的吸收过程，降低操作温度，吸收过程阻力 $\dfrac{1}{K_y a} \approx \dfrac{m}{k_x a}$ 将随之减少，结果使得吸收效果变好，y_2 降低，但平均推动力 Δy_m 或许也会减少。对于气膜控制的吸收过程，降低操作温度，吸收过程阻力 $\dfrac{1}{K_y a} \approx \dfrac{1}{k_y a}$ 不变，但平均推动力 Δy_m 增大，吸收效果同样会变好。总之，降低吸收剂的温度，改变了相平衡常数，对过程阻力及过程推动力都产生影响，其总的结果使吸收效果变好，吸收率提高。

降低吸收剂进口浓度 x_2，液相进口处的推动力增大，全塔平均推动力 Δy_m 也随之增大，而有利于吸收过程回收率的提高。

当气-液两相在塔底接近平衡时，欲提高回收率，用增大吸收剂用量的方法更有效。但当气-液两相在塔顶接近平衡时，提高吸收剂用量，即增大液气比不能使 y_2 明显的降低，只能用降低吸收剂入塔浓度 x_2 才是有效的方法。

四、实验装置及流程示意图

本实验装置是空气-丙酮混合气-水吸收系统，吸收塔为填料吸收塔，包括空气输送、空气与丙酮鼓泡接触、以及吸收剂供给和气-液两相在填料塔中逆流接触等，其流程如图 5-1 所示。气体为经定值器后压力恒定的室温空气，进入丙酮容器鼓泡而出，所得到的丙酮已达饱和的混合气，吸收剂为自来水。

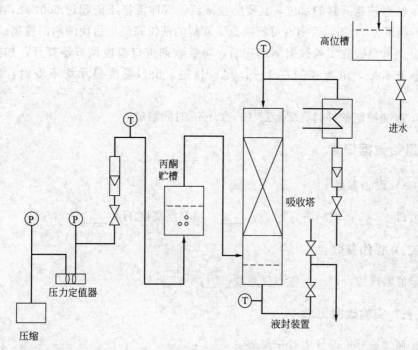

图 5-1　吸收实验装置流程示意图

五、实验操作要点

1. 接通气路，打开水流量计开关，再打开定值器开关，将压力恒定在0.02MPa，然后，打开气体转子流量计，把水和气的转子流量计调节至测试时的最大值，仔细检查设备是否有漏液、液泛等不正常现象。

2. 打开吸收剂流量计至设定值。打开空气压缩机，调节压力定值器至刻度为0.02MPa，此压力足够提供气体流动的推动力，尾气排放直接放空。调节液封装置中的调节阀，使吸收塔塔底液位处于气体进口处以下的某一固定高度。调节空气流量计至设定值。待稳定 10min 后，分别对气体进、出口取样分析。为使实验数据准确起见，先取塔顶，后取塔底；取样针筒应用待测气体洗两次。

3. 用分别改变水流量、空气流量（均由小至大）、及水温（升高）的方法，测数组数据。每改变一次水流量或空气流量，均需间隔数分钟取样，或出口水温基本恒定。

六、实验注意事项

1. 先开水的开关，后开气的开关，并测量空气的温度。

2. 每次都要测量 y_1，为防止影响吸收的平衡，要先测 y_2，后测 y_1。

3. 注意控制液封的水位，且要防止液泛。气体流量不能超过 600L/h，液体流量不能超过 7L/h，否则有可能液泛。液封的液位高低由后面的阀门控制。

4. 当常温吸收实验数据测定完后，将吸收剂进口温度调节器打开，加热温度要小于 50℃，电流控制在 1～1.2A。待进、出口温度显示均不变时，取样分析。

5. 改变控制条件时，要经过 10～15min 时间稳定。

七、原始数据记录

（一）设备参数

填料：____；填料塔直径 D：____；填料层高度 H：____。

（二）操作参数

定值器压力：____；色谱仪系数____。

（三）实验数据记录

按照实验要求设计实验记录表。

八、实验报告

丙酮-空气混合气体中丙酮的饱和浓度数据以及丙酮的平衡溶解度分别见表5-1、表5-2。

1. 计算并讨论组分回收率 η，传质推动力 Δy_m 和传质系数 $K_y a$ 的变化规律。

2. 从实验数据分析水吸收丙酮是气膜控制、液膜控制，还是两者兼有。数据处理注意事项如下。

（1）气体流量计在 0.02MPa 下使用，与气体流量计标定时的状态不同，故需校正：$G = G_N \sqrt{\dfrac{P_0 T}{P T_0}}$。

（2）吸收剂的进口温度由温度计测得，需知道全塔平均温度，以获得各组的 m 值。全塔平均温度为：$\bar{t} = \dfrac{t_{进} + t_{出}}{2}$。

（3）色谱仪上读得的峰面积乘以色谱仪系数，等于气体进出口浓度 y_1、y_2，色谱仪系数须自行标定。

（4）塔气体进口处水中丙酮浓度根据操作线方程计算。

九、思考题

1. 从传质推动力和传质阻力两方面分析吸收剂流量和吸收温度对吸收过程的影响。

2. 从实验数据分析水吸收丙酮是气膜控制、液膜控制，还是两者兼有？

3. 填料吸收塔塔底为什么必须有液封装置？画出液封装置的示意图。

4. 将液体丙酮混入空气中，除实验装置鼓泡器中用到的方法外，还可有哪几种？

附　录

表 5-1　丙酮-空气混合气体中丙酮的饱和浓度数据（压强为 1.23×10^5 Pa）

空气温度 $t/℃$	0	10	15	20	25	30	35	40
丙酮饱和浓度 $y/\%$	8.5	11.4	14.6	17.9	24.4	30.9	38.2	46.3

表 5-2　丙酮的平衡溶解度

液相摩尔分数 x	平衡分压/kPa				
	10℃	20℃	30℃	40℃	50℃
0.01	0.906	1.599	2.706	4.399	7.704
0.02	1.799	3.066	4.998	7.971	12.129
0.03	2.692	4.479	7.131	11.063	16.528
0.04	3.466	5.705	8.997	13.862	20.660
0.05	5.185	6.838	10.796	16.528	24.525
0.06	4.745	7.757	12.263	18.794	27.724
0.07	5.318	8.664	13.596	20.926	30.923
0.08	5.771	9.431	14.928	22.793	33.722
0.09	6.297	10.197	16.128	24.525	36.255
0.10	6.744	10.980	17.061	26.528	38.654

上表数据可拟合得到如下公式：

$$P^* = (-0.43448 + 144.222x - 471.8518x^2)(4.50047 + 0.455t$$
$$- 1.5962 \times 10^{-3}t^2 + 5.5338 \times 10^{-4}t^3)\ e^{(-0.14621 - 1.7664x)}$$

上式的标准误差为 9.03%。考虑到气体吸收计算采用 $y^* = mx$ 的关系式，在液相浓度较低时，可得到如下数据。

液相摩尔分数	平衡常数 m				
x	10℃	20℃	30℃	40℃	50℃
0.01	0.894	1.58	2.67	4.34	6.81
0.02	0.888	1.51	2.47	3.93	5.98
0.03	0.886	1.47	2.35	3.64	5.44
0.04	0.855	1.41	2.22	3.42	5.11

从上列数据中看出，平衡常数 m 随温度的变化较大，随组成的变化较小。可认为在浓度很低时，m 仅为温度的函数，符合亨利定律。

◀ 实验 6　精 馏 实 验 ▶

一、实验目的

1. 了解精馏装置的基本流程，熟悉板式精馏塔的结构、精馏流程及原理。
2. 掌握精馏塔的操作，观察精馏过程中气液两相在塔板上的接触情况。
3. 学会精馏塔效率的测定。

二、实验内容

1. 测定全塔效率。
2. 要求分离 15％～20％ 的乙醇水溶液，达到塔顶馏出液乙醇浓度大于 93％，塔釜残液乙醇浓度小于 3％。并在规定的时间内完成 500mL 的采出量。

三、实验原理

精馏塔是分离均相混合液的重要设备。

（一）维持稳定连续精馏操作过程的条件

1. 维持塔内的物料平衡

总物料平衡：

$$F = D + W \tag{6-1}$$

若 $F > D + W$，塔釜液面上升，会发生淹塔；相反若 $F < D + W$，会引起塔釜干料，最终导致破坏精馏塔的正常操作。

各组分的物料平衡：

$$F_{x_F} = D_{x_D} + W_{x_W} \tag{6-2}$$

塔顶采出率：

$$\frac{D}{F} = \frac{x_F - x_W}{x_D - x_W} \tag{6-3}$$

若塔顶采出率过大，即使精馏塔有足够的分离能力，塔顶也不能获得合格产物。

2. 确保精馏塔的分离能力

在塔板数一定的情况下，正常的精馏操作要有足够的回流比，才能保证一定的分离效果，获得合格的产品，所以要严格控制回流量。

3. 维持正常的气液负荷量

精馏塔操作时，应有正常的气-液负荷量，避免不正常的操作状况。比如严重的液沫夹带现象，严重的漏液现象，溢流液泛等。

（二）产品不合格原因及调节方法

1. 物料不平衡而引起的不正常现象及调节方法

（1）过程在 $D_{x_D} > F_{x_F} - W_{x_W}$ 下操作：随着过程的进行，塔内轻组分会大量流失，重组分则逐步积累，表现为釜温正常而塔顶温度逐渐升高，塔顶产品不合格。

原因：塔顶产品与塔釜产品采出比例不当；进料组成不稳定，轻组分含量下降。

调节方法：减少塔顶采出量，加大进料量和塔釜出料量，使过程在 $D_{x_D} < F_{x_F} - W_{x_W}$ 下操作一段时间，以补充塔内轻组分量。待塔顶温度下降至规定值时，再调节参数使过程恢复到 $D_{x_D} = F_{x_F} - W_{x_W}$ 下操作。

（2）过程在 $D_{x_D} < F_{x_F} - W_{x_W}$ 下操作：随着过程的进行，塔内重组分流失而轻组分逐步积累，表现为塔顶温度合格而釜温下降，塔釜产品不合格。

原因：塔顶产品与塔釜产品采出比例不当；进料组成不稳定，轻组分含量升高。

调节方法：可维持回流量不变，加大塔顶采出量，同时相应调节加热蒸汽压，使过程在 $D_{x_D} > F_{x_F} - W_{x_W}$ 下操作。适当减少进料量，待釜温升至正常值时，再按 $D_{x_D} = F_{x_F} - W_{x_W}$ 的操作要求调整操作条件。

2. 分离能力不够引起的产品不合格现象及调节方法

表现为塔顶温度升高，塔釜温度下降，塔顶、塔釜产品都不符合要求。

调节方法：一般可通过加大回流比来调节，但必须防止严重的液沫夹带现象发生。

（三）灵敏板温度

灵敏板温度是指一个正常操作的精馏塔当受到某一外界因素的干扰时，全塔各板上的组成发生变化，全塔的温度分布也发生相应的变化，其中有一些板的温度对外界干扰因素的反应最灵敏，故称它们为灵敏板。灵敏板温度的变化可预示塔内的不正常现象的发生，可及时采取措施进行纠正。

（四）全塔效率

全塔效率是板式塔分离性能的综合度量，一般由实验测定。

$$E = N_T / N_P \tag{6-4}$$

式中，N_T、N_P 分别表示全回流下达到某一分离要求所需的理论板数和实际板数。

理论板层数 N_T 的求法可用 M-T 图解法。本实验是使用乙醇—水二元物系在全回流条件下操作，只需测定塔顶馏出液组成 x_D 和釜液组成 x_W，即可用图解法求得 N_T，实际板层数 N_P 为已知，所以利用式(6-4)可求得塔效率 E。

四、实验装置及流程示意图（图 6-1）

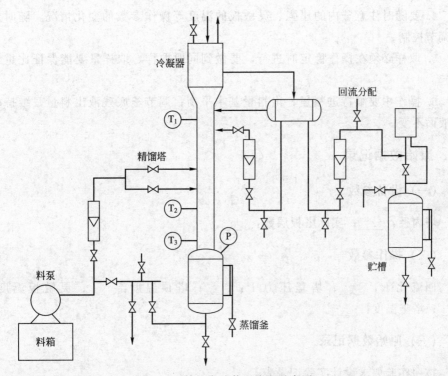

图 6-1　精馏实验装置流程示意图

五、实验操作要点

1. 在塔釜中先加入体积分数为 $7\%\sim8\%$ 的乙醇水溶液，液面居液位计的2/3处，开启加热电源，电压为 220V，打开塔顶冷凝器进水阀，关闭出料控制阀，开足回流控制阀，使塔处于全回流状态下操作，建立板上稳定气液两相接触状况。

2. 同时取样分析塔顶组成 x_D 与塔釜组成 x_W。

3. 部分回流时，将加料流量计开至 4L/h，微微开大加热电流，基本上保持精馏段原来上升的气量。正常的釜压应控制在 $P(釜)=(20\sim35)\times100\mathrm{Pa}$，$T$（灵敏板）$=78\sim83℃$。注意要预先选择好回流比和一个加料口。

六、实验注意事项

1. 预热时，要及时开启塔顶冷凝器的冷却水阀，当釜液沸腾后，要注意控制加热量。

2. 由于开车前塔内存有较多的不凝性气体-空气，开车后要利用上升的蒸气将其排出塔外，因此开车后要确定塔顶的排气考克是否开启。

3. 部分回流操作时，要预先选择好回流比和加料口。

4. 要随时注意釜内的压强、灵敏板的温度等操作参数的变化情况，随时加以调节控制。

5. 取样必须在操作稳定时进行，要做到同时取样，取样量要能保证比重计浮起。

6. 操作中要维持进料量、出料量基本平衡；调节釜底残液出料量，维持釜内液面不变。

七、原始数据记录

（一）设备参数

塔内径：____；实际塔板层数：____。

（二）操作参数

回流比 R：____；塔釜压力 P：____；塔顶温度：____；灵敏板温度：____；塔釜温度：____。

（三）原始数据记录

按照实验要求设计实验记录表。

八、实验报告

1. 将塔顶和塔釜的温度、组成等原始数据用表格形式列出。

2. 用图解法确定理论板层数，计算全塔效率。

注意：测定样品必须冷却至 20℃，比重计测得值的单位是 $v\%$，计算过程中将此值换算为对应的质量分率，再将质量分率换算成摩尔分率。

九、思考题

1. 板式塔气-液两相的流动特点是什么？

2. 什么是全回流，全回流时的操作特征是什么？如何测定全回流时的全塔效率？

3. 如何判断塔的操作已达到稳定？影响精馏操作稳定的因素有哪些？

4. 影响板式塔效率的因素有哪些？

5. 进料量对塔板层数有无影响？为什么？

6. 回流温度对塔的操作有何影响？操作中增加回流比的方法是什么？能否采用减少塔顶出料量 D 的方法？

7. 本实验中，进料状况为冷态进料，当进料量太大时，为什么会出现精馏段干板，甚至出现塔顶既没有回流又没有出料的现象？应如何调节？

8. 板式塔有哪些不正常操作状况。针对本实验装置，如何处理液泛或塔板漏液？

实验 7　液-液萃取塔的操作及传质单元高度的测定

一、实验目的

1. 了解液-液萃取设备的结构和特点。
2. 掌握液-液萃取塔的操作。
3. 掌握传质单元高度的测定方法并分析外加能量对液-液萃取塔传质单元高度和通量的影响。

二、实验内容

以水萃取煤油中的苯甲酸为萃取物系，选用萃取剂与料液之比为 1∶1。
1. 以煤油为分散相，水为连续相，进行萃取过程的操作。
2. 测定不同频率或不同振幅下的萃取效率（传质单元高度）。

三、实验原理

（一）液-液萃取设备的特点

液-液两相传质和气-液两相传质均属于相间传质过程，这两类传质过程具有相似之处，但也有所差别。在液-液系统中，两相间的重度差较小，界面张力也不大，从过程的流体力学条件来看，在液-液相接触过程中，能用于强化过程的惯性力不大，同时分散的两相分层分离能力也不高。因此，对于气-液接触效率较高的设备，用于液-液接触就显得效率不高。为了提高液-液两相传质设备的效率，常常补给外加能量，如搅拌、脉动、振动等。为使两相逆流和两相分离，需要分层段，以保证有足够的停留时间，让分散的液相凝聚，实现两相的分离。

（二）液-液萃取塔的操作

萃取塔在开车时，应首先将连续相注满塔中，然后开启分散相，分散相必须经凝聚后才能自塔内排出。因此，若轻相作为分散相时，应使分散相不断在塔顶分层段凝聚，在两相界面维持在适当高度后，再开启分散相出口阀门，并依靠重相出口的∩形管自动调节界面高度。若重相作为分散相时，则分散相不断在塔底的分层段凝聚，两相界面应维持在塔底分层段的某一位置上。

液体的分散即形成液滴的形式，液滴的分散可以通过以下几个途径实现。
(1) 借助喷嘴或孔板，如喷洒塔和筛孔塔。
(2) 借助塔内的填料，如填料塔。

（3）借助外加能量，如转盘塔、振动塔、脉动塔、离心萃取器等。液滴的尺寸除与物性有关外，主要取决于外加能量的大小。

液-液传质设备引入外加能量促进液体分散，改善两相流动条件，这些均使得相际接触面积增大，有利于传质，从而提高萃取效率，降低萃取过程的传质单元高度。但应该注意，过度的外加能量将大大增加设备内的轴向混合，减小过程的推动力。此外过度分散的液滴内将消失内循环，这些均是外加能量带来的不利因素。权衡这两方面因素的利弊，外加能量应适度。对于某一具体液-液萃取过程，一般应通过实验寻找合适的外加能量输入量。

（三）液泛

在连续逆流萃取操作中，萃取塔的通量取决于连续相允许的线速度，其上限为最小的分散相液滴处于相对静止状态时的连续相流率。这时塔刚处于液泛点（即为液泛速度）。萃取塔内连续相所允许的极限速度（泛点速度）与液滴的运动速度有关。而液滴的运动速度与液滴的尺寸有关。一般较大的液滴，其泛点速度较高，萃取塔允许有较大的流通量；相反，较小的液滴，其泛点速度较低，萃取塔允许的流通量也较低。

在实验操作中，连续相的流速应在液泛速度以下，为此需要有可靠的液泛数据，一般是在中试设备中用实际物料实验测得的。

（四）液-液相传质设备内的传质

与精馏、吸收过程类似，由于过程的复杂性，萃取过程的处理也可分解为理论级和级效率，或者传质单元数和传质单元高度。对于转盘塔、振动塔这类微分接触的萃取塔，一般采用传质单元数和传质单元高度来处理。

传质单元数表示过程分离难易的程度。

对于稀溶液，传质单元数可近似用下式表示：

$$N_{OR} = \int_{x_2}^{x_1} \frac{dx}{x - x^*} \tag{7-1}$$

式中　N_{OR}——萃余相为基准的总传质单元数；

　　　　x——萃余相中溶质的浓度；

　　　　x^*——与相应萃取相浓度平衡的萃余相中溶质浓度；

　　x_1、x_2——两相进塔和出塔的萃余相浓度。

传质单元高度表示设备传质性能的好坏，可由下式表示：

$$H_{OR} = \frac{H}{N_{OR}} \tag{7-2}$$

式中　H_{OR}——以萃余相为基准的传质单元高度；

　　　　H——萃取塔的有效接触高度。

已知塔高 H 和传质单元数 N_{OR}，可由上式求得 H_{OR} 的数值。H_{OR} 反映萃取设备传质性能的好坏，H_{OR} 越大，设备效率越低。影响萃取设备传质性能 H_{OR} 的因素很多，主要有设备结构、两相物性、操作因素以及外加能量的形式和大小。

四、实验装置及流程示意图

本实验装置中的主要设备为振动式萃取塔。振动式萃取塔，又称往复振动筛板塔，是一种效率比较高的液-液萃取设备。

振动塔的上下两端各有一沉降室。为使每相在沉降室中停留一定时间，通常作成扩大形状。在萃取区有一系列的筛板固定在中心轴上，中心轴由塔顶外的曲柄连杆机构驱动，以一定的频率和振幅带动筛板做往复运动。当筛板向上运动时，筛板上侧的液体通过筛孔向下喷射；当筛板向下运动时，筛板下侧的液体通过筛孔向上喷射。使两相液体处于高度湍动状态，液体不断分散并推动液体上下运动，直至沉降。

振动塔具有以下几个特点：①传质阻力小，相际接触界面大，萃取效率较高；②在单位塔截面上通过的物料速度高，生产能力较大；③应用曲柄连杆机构，筛板固定在刚性轴上，操作方便，结构可靠。实验的流程示意图如图 7-1 所示。

五、实验操作要点

1. 打开重相（水）流量计，使塔体内充满连续相，要求液面距上分层段萃余相出口约 30mm 后调节液位调节阀，使重相液面基本恒定，要求保持液面恒定 10～15min 不变。

2. 开启调速器，使筛板上下慢速振动（20V）。

3. 打开轻相（煤油＋苯甲酸）流量计，数分钟后使轻相（分散相）在塔顶分层段凝集，维持重轻两相界面某一高度，约 20min 后，取萃余相 100mL 分析滴定，改变振动频率，依次得到数组样品（稳定时间 15～20min）。

4. 实验滴定分析：用 25mL 移液管取萃余相样品 25mL，放入洁净的锥形瓶中，加入等量的蒸馏水，加入 2～3 滴酚酞指示剂，用 0.01mol/L 的 NaOH 溶液滴定，直至红色不褪去为止，记下 V_1（进口、x_F）和 V_2（出口、x_R）滴定消耗的 NaOH 体积数。

六、实验注意事项

1. 应先在塔中灌满连续相（水），然后开启分散相（煤油），待分散相在塔顶凝聚一定厚度的液层后，通过连续相的出口阀门调节两相的界面于一定的高度。

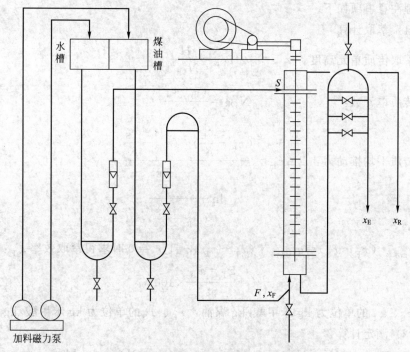

图 7-1 萃取实验装置流程示意图

2. 在一定频率和振幅下，当通过塔的两相流量增大时，塔内分散相的滞留量也不断增加，液泛时滞留量可达到最大值。此时可观察到分散相不断合并最终导致转相，并在塔底（或塔顶）出现第二界面。

七、原始数据记录

（一）设备参数

塔直径 D：____；塔有效高度 H：____；振幅：____。

（二）操作参数

F/S：____；相平衡常数：____。

（三）实验数据记录

按照实验要求设计实验记录表。

八、实验报告

1. 计算并作图：$f\text{-}H_{OR}$，$f\text{-}\eta$。

2. 讨论不同振动频率或不同振幅与萃取效率（传质单元高度）的关系。数据处理注意事项如下。

（1）萃取计算

萃取传质单元高度：
$$H_{OR} = \frac{H}{N_{OR}}$$

传质单元数：
$$N_{OR} = \frac{x_F - x_R}{\Delta x_m}$$

传质平均推动力：
$$\Delta x_m = \frac{\left(x_F - \dfrac{x_E}{K}\right) - \left(x_R - \dfrac{x_S}{K}\right)}{\ln \dfrac{x_F - \dfrac{x_E}{K}}{\left(x_R - \dfrac{x_S}{K}\right)}}$$

$q_{m水} \cdot (x_E - x_S) = q_{m煤油} \cdot (x_F - x_R)$，且 $x_S = 0$ 时求得萃取效率 x_E：

$$\eta\% = \frac{x_F - x_R}{x_F} \times 100\%$$

x_F、x_R 的单位为 kg 苯甲酸/kg 煤油，x_E、x_S 的单位为 kg 苯甲酸/kg 水。

（2）滴定计算

$$x_F = \frac{(V_1 \cdot N)_{NaOH} \cdot M_{苯甲酸}}{25 \cdot \rho_{煤油}} \qquad x_R = \frac{(V_2 \cdot N)_{NaOH} \cdot M_{苯甲酸}}{25 \cdot \rho_{煤油}}$$

式中　V_1、V_2——进、出口煤油 25mL 消耗 0.01mol/L 的 NaOH 的体积 mL 数；

　　　　N——0.01mol/L NaOH 的标准摩尔浓度。

（3）煤油流量的校正

$$q_{v,实} = q_{v,读} \sqrt{\frac{\rho_0(\rho_f - \rho)}{\rho(\rho_f - \rho_0)}} \approx q_{v,读} \sqrt{\frac{\rho_0}{\rho}}$$

式中　$q_{v,实}$、$q_{v,读}$——被测介质的实际体积流量和读数体积流量；

　　　　ρ、ρ_0、ρ_f——被测介质密度、20℃水的密度以及转子密度。

九、思考题

1. 液-液萃取设备与气-液传质设备有何主要区别？

2. 本实验为什么不宜用水作为分散相，倘若用水作为分散相，操作步骤是怎样的？两相分层分离段应设在塔顶还是塔底？

3. 什么是萃取塔的液泛，在操作中如何确定液泛速度？

4. 对液-液萃取过程来说是否外加能量越大越有利？

实验 8　干 燥 实 验

一、实验目的

1. 了解常压干燥设备的基本流程和工作原理。
2. 了解测定干燥速率曲线的意义，掌握物料干燥速率曲线的测定方法。

二、实验内容

测定物料在恒定干燥条件下的干燥速率曲线。

三、实验原理

干燥操作是采用某种方式将热量传给湿物料，去除物料中的湿分的操作。干燥操作同时伴有传热和传质，过程比较复杂，目前仍依赖于实验解决干燥问题。

干燥过程可分为三个阶段，如图 8-1 所示。AB 为物料预热阶段；BC 为恒速干燥阶段；CDE 为降速干燥阶段。在预热阶段，热空气向物料传递热量，物

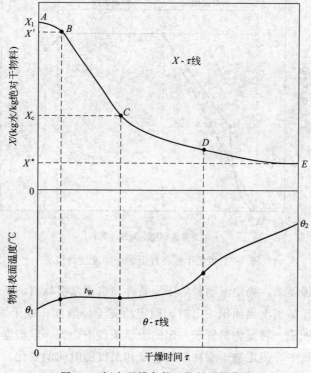

图 8-1　恒定干燥条件下物料干燥曲线

料温度上升。当物料表面温度达到湿空气的湿球温度时，传递的热量只能用来蒸发物料表面水分，其干燥速率不变，为恒速干燥阶段，此时物料表面存有液态水。

在物料表面不存在液态水时，水分由物料内部向表面扩散，其扩散速率小于水分蒸发速率，则物料表面变干，表面温度开始上升，为降速干燥阶段，最后物料的含水量达到该空气条件下的平衡含水量 X^*。恒速干燥阶段与降速干燥阶段的交点为临界含水量 X_c。

干燥速率即水分汽化速率，可用单位时间单位干燥面积汽化的水分量表示：

$$N_A = \frac{dW}{A\,d\tau} \tag{8-1}$$

式中　N_A——干燥速率，kg 水/($m^2 \cdot$ h)；

　　　W——汽化的水分量，kg；

　　　A——物料的干燥表面积，m^2；

　　　τ——干燥时间，h。

如图 8-2 所示，以干燥曲线图中含水量 X 对时间的斜率 N_A，对 X 标绘即得干燥速度曲线。

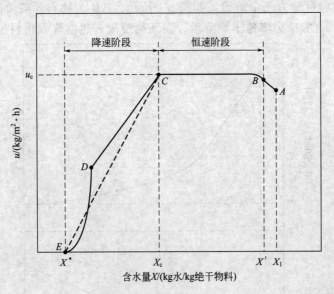

图 8-2　恒定干燥条件下的干燥速度曲线

若已知干燥要求，确定湿物料的干燥条件，需要掌握物料的干燥特性，即干燥速率曲线。比如当干燥面积一定时，确定所需干燥时间；或干燥时间一定时，确定所需干燥面积。将湿物料置于一定的干燥条件下，即一定湿度、温度和速度的大量热空气流中，测定被干燥物料的质量和温度随时间的变化，可以获得干燥速率曲线。

四、实验装置及流程示意图（图 8-3）

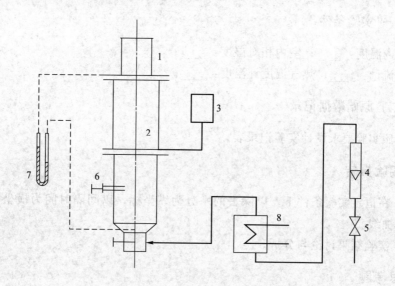

图 8-3　干燥实验装置流程示意图

1—除尘器（袋滤器 $\Phi130mm\times120mm$）；2—干燥塔塔体 $\varphi146\times8$ 优质高温玻璃；

3—加水器；4—气体转子流量计；5—流量调节阀；6—固体物料取样器；

7—压差计（±50cm）；8—电加热器

实验用干燥物料为 30～40 目变色硅胶。

五、实验操作要点

1. 接通气源并缓慢调节风量，使干燥塔中颗粒物料处于良好的流化状态。

2. 向加水器中加入适量的水，调节加水器下部铜旋塞，勿使注入干燥塔的水流速度过大，加水时应使取样器保持拉出位置，同时塔内处于流化状态。

3. 接通电源，设定控制温度为 95～100℃。

4. 在气体的流量和温度维持一定的条件下，每隔一定时间记录床层温度，并取样分析固体物料的含水量。

5. 实验进行直至物料温度明显升高，硅胶变蓝即可停止。

6. 实验停止步骤：切断电源，待气体温度下降后，停止送风。

六、实验注意事项

1. 在操作中，要先开鼓风机送风，后通电加热。

2. 接通气源时注意压差计读数，勿使测压指示液冲出。

3. 固体物料取样时，把取样器推入，随即拉出即可。

七、原始数据记录

（一）实验条件

室内温度：____；室内相对湿度：____；
气流量：____；热气温度计温度：____。

（二）原始数据记录

按照实验要求设计实验记录表。

八、实验报告

1. 在恒定实验条件下，以除去的水分为纵坐标，以间隔时间为横坐标作干燥速率曲线。
2. 实验结果讨论与分析。

九、思考题

1. 在 70～80℃ 的空气流中干燥，经过相当长的时间，能否得到绝对干料？
2. 测定干燥速率曲线的意义何在？
3. 有一些物料在热气流中干燥，要求热空气相对湿度要小；而有一些物料则要在相对湿度较大的热气流中干燥，这是为什么？
4. 为什么在操作中，要先开鼓风机送风，而后再通电加热？

第二章

化工设备基础实验

◀ 实验 9　化工管路拆装实训 ▶

一、实训目标

1. 熟悉化工管路与机泵拆装常用工具的种类及使用方法。

2. 掌握化工管路中管件、阀门的种类、规格和连接方法。

3. 能够根据管路布置图安装化工管路，并能对安装的管路进行试漏、拆卸。

二、实训内容

1. 根据管路布置简图，采用法兰连接或螺纹连接安装化工管路，并对安装好的管路进行试压。

2. 认识腐蚀性管道、化学危险品介质管道的安装特点。

3. 实训过程中，做到管线拆装符合安全规范。

三、基本原理

管路的连接是根据相关标准和图纸要求，将管子与管子、管子与管子、阀门等连接起来，以形成一严密整体从而达到使用目的。

管路的连接方法有多种，化工管路中最常见的有螺纹连接和法兰连接。螺纹连接主要适用于镀锌焊接钢管的连接，它是通过管子上的外螺纹和管件上的内螺纹拧在一起而实现的。焊接钢管采用螺纹连接时，使用的是牙型角55°。管螺纹有圆锥管螺纹和圆柱管螺纹两种，管道多采用圆锥形外螺纹，管箍、阀件、管件等多采用圆柱形内螺纹。此外，管螺纹连接时，一般要加聚四氟乙烯等作为填料。法兰连接是通过连接法兰及紧固螺栓、螺母、压紧法兰中间的垫片而使管道连接起来的一种方法，具有强度高、密封性能好、适用范围广、拆卸安装方便的特点。通常情况下，采暖、煤气、中低压工业管道常采用非金属垫片，而在高温高压和化工管道上常使用金属垫片。

法兰连接的一般规定如下。

（1）安装前应对法兰、螺栓、垫片进行外观、尺寸材质等检查。

（2）法兰与管子组装前应对管子端面进行检查。

（3）法兰与管子组装时应检查法兰的垂直度。

（4）法兰与法兰对接连接时，密封面应保持平行。

（5）为便于安装和拆卸法兰、紧固螺栓，法兰平面距支架和墙面的距离不应小于 200mm。

（6）工作温度高于 100℃ 的管道的螺栓应涂一层石墨粉和机油的调和物，以便日后拆卸。

（7）拧紧螺栓时应对称成十字交叉进行，以保障垫片各处受力均匀；拧紧后的螺栓露出丝扣的长度不应大于螺栓直径的一半，并应不小于 2mm。

（8）法兰连接好后，应进行试压，发现渗漏，需要更换垫片。

（9）当法兰连接的管道需要封堵时，则采用法兰盖；法兰盖的类型、结构、尺寸及材料应和所配用的法兰相一致。

（10）法兰连接不严，要及时找出原因进行处理。

四、实验装置示意图（图 9-1）

五、实训操作

（一）管路组装

1. 管口螺纹的加工以及板牙的使用。

2. 对照管路示意图进行管路安装，安装中要保证横平竖直，水平偏差不大于 15mm，垂直偏差不大于 10mm。

3. 法兰与螺纹接合时，每对法兰的平行度、同心度要符合要求。螺纹接合时要做到生料带缠绕方向正确和厚度要合适，螺纹与管件咬合时要对准、对正，拧紧用力要适中。

4. 阀门安装前要将内部清理干净，关闭好再进行安装，对有方向性的阀门要与介质流向吻合，安装好的阀门手轮位置要便于操作。

5. 流量计、压力表及过滤器的安装按具体安装要求进行。要注意流向，有刻度的位置要便于读数。

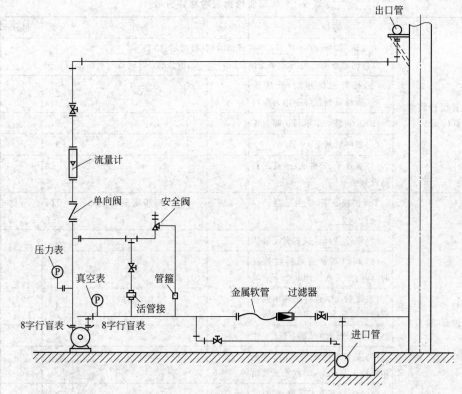

图 9-1　管路拆装装置

（二）水压实验

使用手摇式试压泵，按要求的试压程序完成试压操作。在规定的压强下和规定的时间内管路所有接口没有渗漏现象。

（三）管路拆卸

按顺序进行，一般是从上到下，先仪表后阀门，拆卸过程中不得损坏管件和仪表。拆下的管子、管件、阀门和仪表要归类放好。

六、注意事项

1. 操作中，安装工具使用合适、恰当。
2. 法兰安装中要做到对得正、不反口、不错口、不张口。
3. 安装和拆卸过程中注意安全防护，不出现安全事故。

七、化工管路拆装考核细则

参见表 9-1。

表 9-1 化工管路拆装考核评分表

项目	考核内容	记录	备注	分值	得分
管线拆装前的准备(9分)	填写清单时间 $T_1=$____,领件开始时间(教师示意)$T_2=$____,领件回到现场时间(学生举手示意)$T_3=$____,拆装准备时间 $\Delta T_1=T_1+(T_3-T_2)=$____				
	(1)填写总清单时间 $T_1=$____(领料单到教师手中为准)			2	
	(2)拆装总清单填写正确与否			2	
	(3)领件时间 $T_3-T_2=$____			3	
	(4)领管子、管件、仪表及工具是否有错			2	
管线初步安装及检查(30分)	T_4(初装结束,学生示意)$=$____,$\Delta T_{返1}=$____,初步安装时间 $\Delta T_2=(T_4-T_3)+\Delta T_{返1}=$____				
	(5)管件、阀门、仪表有无装错			8	
	(6)阀门与管道可拆性连接时,阀门是否在关闭状态下安装			2	
	(7)每对法兰连接是否用同一规格螺栓安装,方向是否一致			3	
	(8)每只螺栓加垫圈不超过一个			2	
	(9)安装不锈钢管道时,有无用铁质工具敲击,垫片是否装错			1	
	(10)法兰安装不平行,偏心			2	
	(11)初步安装时间 $\Delta T_2=$____			12	
泵出口管线压力试验及检查(20分)	T_5(水压试验开始,教师示意)$=$____,T_6(学生举手示意)$=$____,$\Delta T_{返2}=$____,水压试验时间 $\Delta T_3=(T_6-T_5)+\Delta T_{返}=$____				
	(12)盲板安装是否到位			3	
	(13)试验压力____kPa、试验压力下稳压时间____min			4	
	(14)试压前是否排净空气			2	
	(15)试压是否合格,若不合格返修过程是否正确			4	
	(16)水压试验时间 $\Delta T_3=$____			7	
管线安装完成检查(14分)	T_7(完成安装开始,裁判示意)$=$____,T_8(完成安装结束,选手示意)$=$____,完成安装时间 $\Delta T_4=T_8-T_7=$____				
	(17)试压结束后,是否排尽液体			1	
	(18)是否完成管道安装			3	
	(19)试运行后漏点数检查			6	
	(20)安装完成阶段时间 $\Delta T_4=$____			4	

项目	考核内容	记录	备注	分值	得分
管线的拆除和现场清理(12分)	T_9(拆除前开始排液,裁判示意)＝____,T_{10}(全部完成,选手示意)＝____,拆除时间 $\Delta T_5＝(T_{10}-T_9)＝$____				
	(21)管内液体是否尽量放尽			2	
	(22)拆除后,是否对照清单,完好归还和放好仪表、管件、工具等			2	
	(23)拆除结束后是否清扫现场			2	
	(24)拆除时间 $\Delta T_5＝$____			6	
文明安全操作(7分)	(25)整个拆装过程中学生穿戴是否规范,是否越限			3	
	(26)撞头,伤害到别人或自己等不安全操作次数			2	
	(27)是否服从教师管理			2	
操作质量(8分)	(28)拆装总时间 $\Delta T＝\Delta T_1+\Delta T_2+\Delta T_3+\Delta T_4+\Delta T_5＝$____			4	
	(29)管路拆装过程的合理性			4	

教师签名：_____

八、思考题

1. 为什么流量计的安装要注意流向?
2. 法兰安装中为什么要做到对得正、不反口、不错口、不张口?
3. 拧紧螺栓时为什么应对称成十字交叉进行?
4. 试压时,如果泄漏,可能有哪些原因?

◀ 实验 10　安全阀泄放性能测定 ▶

一、实验目的

1. 了解安全阀的结构特点。
2. 掌握安全阀性能的测试方法。

二、实验内容

1. 测定安全阀在运行条件下的排放压力，绘制安全阀开启前后的压力变化曲线。
2. 测定安全阀在额定排放压力下的排量，绘制安全阀的排量曲线。

三、实验原理

(一) 安全阀的基本结构

安全阀主要由密封结构（阀座和阀瓣）和加载机构（弹簧或重锤、导阀）组成，这是一种由进口侧流体介质推动阀瓣开启，泄压后自动关闭的特种阀门，属于重闭式泄压装置。阀瓣通常连带有阀杆，紧扣在阀座上；阀瓣上加载机构的大小可以根据压力容器的规定工作压力来调节。

(二) 安全阀的工作原理与过程

安全阀的工作过程大致可分为四个阶段，即正常工作阶段、临界开启阶段、连续排放阶段和回座阶段，如图 10-1 所示。在正常工作阶段，容器内的介质作用于阀瓣上的压力小于加载机构施加在它上面的力，两者之差构成阀瓣与阀座之间的密封力，使阀瓣紧压着阀座，容器内的气体无法通过安全阀排出；在临界开启阶段，压力容器内的压力超出了正常工作范围，并达到安全阀的开启压力，预调好的加载机构施加在阀瓣上的力小于内压作用于阀瓣上的压力，于是介质开始穿透阀瓣与阀座密封面，密封面形成微小的间隙，进而局部产生泄漏。并由断续地泄漏逐步转变为连续地泄漏；连续排放阶段，随着介质压力的进一步提高，阀瓣即脱离阀座向上升起，继而排放；回座阶段，如果容器的安全泄放量小于安全阀的排量，容器内压力逐渐下降，很快降回到正常工作压力，此时介质作用于阀瓣上的力又小于加载机构施加在它上面的力，阀瓣又压紧阀座，气体停止排出，容器保持正常的工作压力继续工作。安全阀通过作用在阀瓣上的两个力的不平衡作用，使其启闭，以达到自动控制压力容器超压的目的。要达到防止压力容器超压的目的，安全阀的排气量不得小于压力容器的安全泄放量。

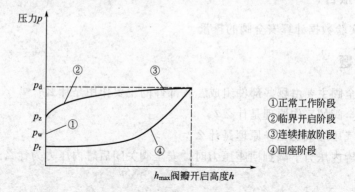

图 10-1　安全阀工作过程曲线

p_z—开启压力；p_d—排放压力；p_r—回座压力；

p_w—容器最大工作压力；p_d-p_z—最大开启压差

①正常工作阶段
②临界开启阶段
③连续排放阶段
④回座阶段

四、实验装置及流程示意图（图 10-2）

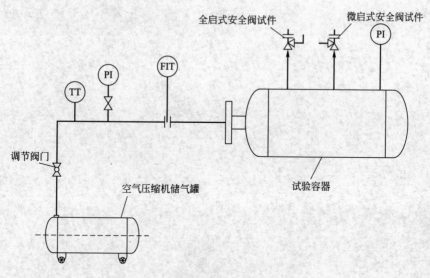

图 10-2　安全阀泄放性能测定装置图

五、实验操作

　　打开实验软件，将调节阀全开后启动压缩机，注意观察压力曲线，当罐内压力达到开启压力时，安全阀开启罐内压力下降。当罐内压力下降到回座压力时，安全阀关闭罐内压力开始上升，记录罐内压力和排气量。

六、实验报告

整理实验数据计算安全阀的排量。

七、思考题

1. 安全阀主要由哪些部件组成？各部件的主要作用是什么？
2. 安全阀的工作原理是什么？
3. 空气压缩机的工作原理是什么？
4. 当罐内压力下降到回座压力时，安全阀关闭后罐内压力为什么开始上升？

实验 11 薄壁容器内压应力测定

一、实验目的

1. 了解薄壁容器的应力分布。
2. 掌握容器应力的测定方法。

二、实验内容

1. 测定薄壁容器承受内压作用时，筒体及封头（平板封头、锥形封头、球形封头、椭圆封头）上的应力分布。
2. 比较实测应力与理论计算应力，分析它们产生差异的原因。
3. 了解"应变电测法"测定容器应力的基本原理和掌握实验操作技能。

三、实验原理

由中低容器设计的薄壳理论分析可知，薄壁回转容器在承受内压作用时，圆筒壁上任一点将产生两个方向的应力，径向应力和环向应力。在实际工程中，不少结构由于形状与受力较复杂，进行理论分析时，困难较大；或是对于一些重要结构在进行理论分析的同时，还需对模型或实际结构进行应力测定，以验证理论分析的可靠性和设计的精确性；所以，实验应力分析在压力容器的应力分析和强度设计中有十分重要的作用。

目前实验应力分析方法已有十几种，其中电测法和光弹法应用较广泛，而压力容器的应力分析更常采用前者。电测法有以下优点：①可用于测量实物与模型的表面应变，具有很高的灵敏度和精度；②由于它在测量时输出的是电信号，因此易于实现测量数字化和自动化，并可进行无线电遥测；③既可用于静态应力测量，也可用于动态应力测量，即使在高温、高压、高速旋转等特殊条件下也可进行测量。

电测法通过测定受压容器在指定部位的应变状态，然后根据弹性理论的胡克定律可得：

$$\left.\begin{aligned}\varepsilon_m &= \frac{\sigma_m}{E} - \mu\frac{\sigma_\theta}{E}\\[2mm]\varepsilon_\theta &= \frac{\sigma_\theta}{E} - \mu\frac{\sigma_m}{E}\end{aligned}\right\} \tag{11-1}$$

$$\left.\begin{aligned}\sigma_m &= \frac{E}{1-\mu^2}(\varepsilon_m + \mu\varepsilon_\theta)\\[2mm] \sigma_\theta &= \frac{E}{1-\mu^2}(\varepsilon_\theta + \mu\varepsilon_m)\end{aligned}\right\} \tag{11-2}$$

通过"应变电测法"测定容器中某结构部位的应变，然后根据以上应力和应变的关系，就可确定这些部位的应力。而应变 ε_m、ε_θ 的测量是通过粘贴在结构上的电阻应变片来实现的；电阻应变片与结构一起发生变形，并把变形转变成电阻的变化，再通过电阻应变仪直接测得应变值 ε_m、ε_θ，然后根据式(11-2)可算出容器上测量位置的应力值，利用电阻应变仪和预调平衡箱可同时测出容器上多个部位的应力，从而可以了解容器受压时的应力分布情况。式(11-2) 中 E 为弹性模量，μ 为泊松比，实验材料为 $^1Cr^{18}Ni^9Ti$ 不锈钢。

(一) 电阻应变片

电阻应变片：简称"应变片"或"电阻片"，是测量应变的感受元件，是用直径为 $0.2\sim0.5mm$ 的电阻率较高的金属丝绕成栅后粘贴在两层极薄的绝缘层之间构成的，如图 11-1 所示。

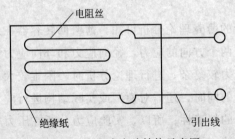

图 11-1　电阻应变片结构示意图

若应变片的电阻在变形前为 R，它与构成电阻丝的材料、长度和截面积的关系是：

$$R = \rho\frac{l}{s} \tag{11-3}$$

当电阻丝随被测结构一起变形时，ρ、l、s 要发生变化，R 也随之变化，其改变量为：

$$\begin{aligned}dR &= \frac{l}{s}d\rho + \frac{\rho}{s}dl - \frac{\rho l}{s^2}ds\\[3mm] &= \frac{l}{s}d\rho + \frac{\rho}{s}dl\left(1 - \frac{ds}{s}\times\frac{l}{dl}\right)\end{aligned} \tag{11-4}$$

式中，$s = \frac{\pi}{4}\phi^2$；$ds = \frac{\pi}{2}\phi d\phi$；$\phi$：电阻丝直径。

则式（11-4）中最后一项：$\dfrac{\mathrm{d}s}{s} \cdot \dfrac{l}{\mathrm{d}l} = \dfrac{\dfrac{\pi}{2}\phi\,\mathrm{d}\phi}{\dfrac{\pi}{4}\phi^2} \cdot \dfrac{l}{\mathrm{d}l} = 2 \cdot \dfrac{\mathrm{d}\phi}{\phi} \Big/ \dfrac{\mathrm{d}l}{l} = 2 \cdot \dfrac{\varepsilon'}{\varepsilon}$

式中，ε' 为电阻丝的横向应变；ε 为电阻丝的轴向应变。

引入反映材料横向变形的弹性常数泊松比 $\dfrac{\varepsilon'}{\varepsilon} = -\mu$，则式（11-4）可变形为：

$$\mathrm{d}R = \frac{l}{s}\mathrm{d}\rho + \frac{\rho}{s}\mathrm{d}l(1+2\mu) \tag{11-5}$$

将式（11-5）等号两边同除 R，可得到

$$\frac{\mathrm{d}R}{R} = \frac{l}{sR}\mathrm{d}\rho + \frac{\rho}{sR}\mathrm{d}l\ (1+2\mu)$$

右边用 $R = \rho\,\dfrac{l}{s}$ 带入得

$$\frac{\mathrm{d}R}{R} = \frac{\mathrm{d}\rho}{\rho} + \frac{\mathrm{d}l}{l}(1+2\mu) = \frac{\mathrm{d}\rho}{\rho} + (1+2\mu) \cdot \varepsilon$$

两边同除 ε 得

$$\frac{\mathrm{d}R}{\varepsilon R} = \frac{\mathrm{d}\rho}{\varepsilon\rho} + (1+2\mu)$$

实验表明：对一定的材料，$\dfrac{\mathrm{d}\rho}{\varepsilon\rho} + (1+2\mu)$ 为常量。

令 $$\frac{\mathrm{d}\rho}{\varepsilon\rho} + (1+2\mu) = K$$

所以 $$\frac{\mathrm{d}R}{R} = K\varepsilon \tag{11-6}$$

这就是应变片的电阻变化率与应变值的关系，对于同一 ε 值，K 值越大则 $\dfrac{\mathrm{d}R}{R}$ 也越大；测量时，易得较高的精度，因此 K 值是反映应变片对应变敏感程度的物理量，称为应变片的"灵敏系数"，K 值的大小与金属丝的材料和应变片的结构形式有关，一般制造厂已给出具体的数值。（本实验应变片的灵敏系数 $K =$ 2.08）

（二）电阻应变仪

电阻应变仪的基本原理就是将应变片电阻的微小变化用电桥转变成电压或电流的变化。

电阻应变仪就是实现上述过程的仪器。

1. 电桥的工作原理

如图 11-2 所示的电路，若在 AC 端加电压 V，则 BD 端输出电压是：

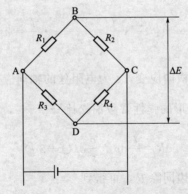

图 11-2　电桥的工作原理

$$V_{BD} = V_{BC} - V_{CD} = \frac{R_2 V}{R_1 + R_2} - \frac{R_4 V}{R_3 + R_4} \tag{11-7}$$

电路中 R_1 若为粘贴在容器上应变片的电阻值，称为"工作片"，R_2 为与工作片类型相同且电阻值相等的电阻片，其作用是抵消由于温度变化引起的电阻变化对应变测量的影响，使所测的电阻变化仅反映应变引起的电阻变化，称为"温度补偿片"。一般是粘贴在与被测构件相同的"补偿极"上，但补偿板不受力作用。放在工作片附近使两者处于相同的环境温度下，以消除温度影响的目的。

R_3、R_4 为应变仪内的标准电阻，对于 V_{BD} 的变化仅考虑工作片随容器受压时应变引起的电阻变化。

式(11-7) 中，对 R_1 求偏导数。

$$\frac{\mathrm{d}V_{BD}}{\mathrm{d}R_1} = \frac{(R_1 + R_2)V - R_1 V}{(R_1 + R_2)^2} = \frac{R_2 V}{(R_1 + R_2)^2}$$

因 $$R_1 = R_2$$

故 $$\frac{\mathrm{d}V_{BD}}{\mathrm{d}R_1} = \frac{V}{4R_1} \tag{11-8}$$

改用增量表示：$$\Delta V_{BD} = \frac{1}{4} V \frac{\Delta R_1}{R_1}$$

由式(11-6) 得 $$\Delta V_{BD} = \frac{1}{4} V K \varepsilon \tag{11-9}$$

上式表明：电桥的输出电压变化 ΔV_{BD} 与测点的应变 ε 成正比。

2. 电阻应变仪

电阻应变仪的工作原理如图 11-3 所示。

四、实验装置

应变电测系统由传感元件（电阻应变片）和测量仪器两部分组成。本实验的应变片为胶基箔式应变片（$R_片 = 120\Omega$）应变仪为 CM-1H-32 型，可进行多点应

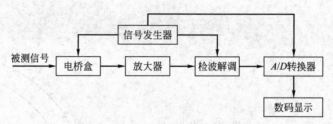

图 11-3 电阻应变仪的工作原理

力测量。

加压采用手动加压泵，装置如图 11-4 所示。

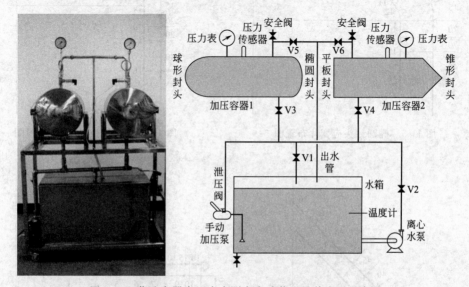

图 11-4 薄壁容器内压应力测定实验装置及其流程示意图

实验用容器规格及应变片布置图如图 11-5～图 11-8 所示。

五、实验操作

主要是测定圆形筒体和封头（椭圆封头、球形封头、锥形封头、平板封头）的径向、环向应力及其分布情况，容器圆筒直边到封头顶点共贴有 16 组应变片，在平衡箱上 1 表示第 1 组的环向，2 表示第 2 组的环向，17 表示第 1 组的径向，18 表示第 2 组的径向，以此类推，可测出 16 组的径向和环向应力，由此可以得出封头和直边的应力分布状态。具体操作可按下面过程进行。

（1）应变仪背后接上电桥盒，接通电源，按下电源开关。

（2）向水箱注入蒸馏水，将所有阀门全部关闭。

（3）启动离心水泵，打开阀门 V2，打开阀门 V3、V5 向容器 1 送水。当出水管内有液体出现时，关闭阀门 V3、V5。打开阀门 V4、V6 向容器 2 送水，当

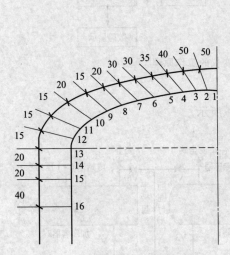

图 11-5　椭圆封头应变片布置图

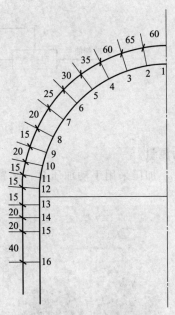

图 11-6　球形封头应变片布置图

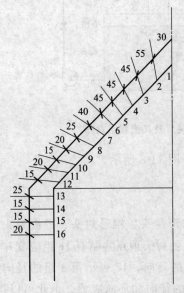

图 11-7　锥形封头应变片布置图

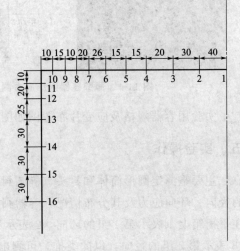

图 11-8　平板封头应变片布置图

出水管内有液体出现时，关闭阀门 V4、V6，关闭阀门 V2，关闭离心水泵。

（4）应变仪调零后，向加压泵内灌水，对容器 1 进行实验，打开 V3 阀门，摇动加压泵手柄对容器 2 进行加压。

（5）试验时加压顺序：压力 P 为 0.15—0.3—0.5(MPa)，加压应缓慢平稳，且待压力稳定后关闭阀门 V3 进行测量，并记录各压力等级下的应变值。

（6）卸压时拧开阀门 V5 使容器内的液体回流到水箱中，卸压顺序：压力 P 为 0.5—0.3—0.15(MPa)，卸压过程中，注意观察压力表的指示数，待降到预定值，立即关闭阀门 V5，待压力稳定后，记录应变值。

（7）对容器 2 进行实验：应变仪调零后，向加压泵内灌水，打开 V4 阀门摇动加压泵手柄对容器 2 进行加压。

（8）试验时加压顺序：压力 P 为 0.15—0.3—0.5(MPa)，加压应缓慢平稳，且待压力稳定后关闭阀门 V4 进行测量，并记录各压力等级下的应变值。

（9）卸压时拧开阀门 V6 使容器内的液体回流到水箱中，卸压顺序：压力 P 为 0.5—0.3—0.15(MPa)，卸压过程中，注意观察压力表的指示数，待降到预定值，立即关闭阀门 V6，待压力稳定后，记录应变值。

六、实验数据记录

封头实验数据记录表参见表 11-1。

表 11-1　封头实验数据记录表（样表）

椭圆封头数据表				球形封头数据表			
容器压力				容器压力			
编号	距离	应变值	应力值/MPa	编号	距离	应变值	应力值/MPa
锥形封头数据表				平板封头数据表			
容器压力				容器压力			
编号	距离	应变值	应力值/MPa	编号	距离	应变值	应力值/MPa

七、实验报告

整理数据，绘制应力分布曲线。

八、思考题

1. 实验值与计算值是否相同？为什么？

2. 力学中的胡克定律是什么？胡克定律与本实验有什么联系？

3. 圆筒的环向应力与周向应力是什么关系？

4. 锥形封头小端的应力值是多少？你能从理论上解释这个结果吗？

5. 椭圆封头受内压作用，有向外膨胀的趋势，其应力会出现负值吗？为什么？试从理论上说明。

第三章 >>>
化工热力学与化学反应工程实验

◀ 实验 12　三元液-液相平衡数据的测定实验 ▶

　　液-液萃取是化工过程中一种重要的分离方法，具有显著的节能优点。液-液萃取过程的设计和操作主要依据液-液相平衡数据，该平衡数据常由实验测定。

一、实验目的

　　本实验采用浊点法，测定乙醇-环己烷-水三元物系的液-液平衡双结点曲线（或溶解度曲线）和平衡结线。通过实验使学生了解测定方法，熟悉实验技能，学会三角形相图的绘制，学会分配系数 K 和选择性系数 β 的计算，以及熟练掌握实验的基本原理。

二、实验原理

1. 溶解度测定的原理

　　乙醇和水是互溶体系，但水在环己烷中的溶解度非常小。在一定温度下，向均匀清澈的乙醇-环己烷溶液中加入一定量的水，则原本清澈的溶液变得混浊，且开始分层，形成水相和油相二相混合物。该液-液体系由清变浊所需的加水量与乙醇和环己烷的初始比例和温度有关。利用由清变浊的现象可以测定该液-液体系中各组分的互溶度。本实验采用先配制乙醇-环己烷二元溶液，然后逐渐加入第三组分水直到溶液出现混浊的方法，通过称量各组分质量来确定平衡组成，即溶解度。

2. 平衡结线测定的原理

由 Gibbs 相律知，在定温、定压条件下，三元液-液平衡体系的自由度 $f = 1$。这就是说在溶解度曲线上只要确定一个特性值就能确定三元物系的性质。通过测定平衡时上层（油相）、下层（水相）的组成，获得平衡结线。

3. 分配系数与选择性系数

在三元液-液平衡体系中，若两相中溶质 A 的分子不变化，则 A 的分配系数定义为：

$$K_A = \frac{溶质\ A\ 在萃取相中的浓度(W_A)}{溶质\ A\ 在萃余相中的浓度(W_A)}$$

选择性系数可定义为：

$$\beta_{12} = \frac{萃取相中组分\ 1\ 与组分\ 2\ 的浓度比}{萃余相中组分\ 1\ 与组分\ 2\ 的浓度比}$$

虽然在三元液-液平衡体系中，溶剂和溶质是相对的，但在具体的工业过程中，溶质和溶剂则是确定的，在本实验中，可将乙醇看作组分 1，环己烷看作组分 2，而水为萃取剂，即水相为萃取相，油相为萃余相。

三、实验内容

（一）准备仪器和试剂

1. 液-液平衡釜、电磁搅拌器、气相色谱仪、恒温水槽、电光分析天平，A级温度传感器、医用注射器、量筒烧杯等。

2. 分析纯乙醇、分析纯环己烷及去离子水等试剂。

（二）主要操作步骤

1. 打开恒温水槽的电源开关、加热开关。

2. 注意观察平衡釜温度计的变化，使之稳定在指定温度。

3. 将 7mL 环己烷倒入三角烧瓶，在天平上称重，记下重量，然后将环己烷倒入平衡釜，再将三角烧瓶称重，记下重量，则倒入釜内环己烷的量为二者之差。用同样的方法将 1～2mL 的无水乙醇，加入平衡釜，并同时记录相应的重量。

4. 打开搅拌器搅拌 2～3min，使环己烷和乙醇混合均匀。

5. 用一小医用针筒抽取 2～3mL 去离子水，用吸水纸轻轻擦去针尖外侧的水，在天平上称重并记下重量。将针筒里的水缓慢地向釜内滴加，仔细观察溶液，当溶液开始变浊时，立即停止滴水，将针筒轻微倒抽（切不可滴过头），以便使针尖上的水抽回，然后将针筒连水称重，记下重量，两次重量之差便是所加的水量。根据烷、醇、水的重量，可算出变浊点组成。

6. 改变初始无水乙醇-环己烷的比例，重复以上操作，可测得一系列溶解度数据。

7. 将以上所有溶解度数据绘在三角形相图上，便成一条溶解度曲线。

8. 用针筒向釜内添加 $1 \sim 2mL$ 水，缓缓搅拌 $1 \sim 2min$，停止搅拌，静置 $15 \sim 20min$，待其充分分层以后，用洁净的注射器分别小心抽取上层和下层样品。分别测定两个样品的组成，得到一条平衡结线。

9. 重复步骤 8，测定下一组数据。

10. 结束实验。

四、实验记录

（一）实验条件记录（表 12-1）

表 12-1　实验条件记录表

室温/℃	大气压	平衡釜温度/℃	$f_{环己烷}$	$f_{乙醇}$	$f_{水}$

（二）溶解度测定记录（表 12-2）

表 12-2　溶解度测定记录表

项目	三角烧瓶＋试样（或针筒）重/g	三角烧瓶(或针筒)重/g	组分重/g	$W_t/\%$
环己烷				
乙醇				
水				

（三）平衡结线数据记录（表 12-3）

表 12-3　平衡结线数据记录表

序号	组分	上层液体		下层液体	
		峰面积	组成 $W/\%$	峰面积	组成 $W/\%$
1	环己烷				
	乙醇				
	水				
2					

五、实验报告

1. 讲述实验目的、实验原理。
2. 根据操作过程详细地叙述实验仪器、试剂和操作步骤。
3. 详细记录实验数据，并将实验记录列表。
4. 按要求处理实验数据，写出处理办法及步骤，以及将实验数据处理结果列表。根据实验数据计算分配系数和选择性系数。
5. 在三角形相图上绘出乙醇-环己烷-水三元物系的溶解度曲线，然后在图中标出实验中测得的数据。

六、思考题

1. 用热力学知识解释引起液体分层的原因。
2. 为什么根据系统由清变浊的现象即可测定相界？
3. 如何用分配系数、选择性系数来评价萃取溶剂的性能？
4. 分析温度、压力对液-液平衡的影响。
5. 你所测得实验数据是否准确？影响实验数据准确性的主要原因是什么？

实验 13　乙苯脱氢制备苯乙烯

一、实验目的

1. 了解以乙苯为原料，使用氧化铁系催化剂，在固定床单管反应器中制备苯乙烯的过程。

2. 学会稳定工艺操作条件的方法。

3. 掌握乙苯脱氢制苯乙烯的转化率、选择性、收率与反应温度之间的关系；找出最适宜的反应温度区域。

4. 学会使用温度控制和流量控制的一般仪表和仪器。

5. 了解气相色谱分析及使用方法。

二、实验内容

了解并熟悉实验装置及流程，搞清物料走向及加料、出料方法。学会使用温度控制和流量控制的一般仪表和仪器。测定不同温度下乙苯脱氢反应的转化率、苯乙烯的选择性和收率，考察温度对乙苯脱氢反应转化率、苯乙烯选择性和收率的影响。

三、实验原理

（一）实验的主副反应

主反应：

副反应：

在水蒸气存在的条件下，还可能发生下列反应：

此外还有芳烃脱氢缩合及苯乙烯聚合生成焦油等。这些连串副反应的发生不仅使反应的选择性下降，而且极易使催化剂表面结焦导致活性下降。

(二) 影响反应的因素

1. 温度的影响

乙苯脱氢反应为吸热反应，$\Delta H^0 > 0$，从平衡常数与温度的关系式 $\left(\dfrac{\partial \ln K_p}{\partial T} \right)_P = \dfrac{\Delta H^0}{RT^2}$ 可知，提高温度可增大平衡常数，从而提高脱氢反应的平衡转化率。但是温度过高使得副反应增加，导致苯乙烯选择性下降，能耗增大，设备材质要求增加，故应控制适宜的反应温度。本实验的反应温度范围为540～600℃。

2. 压力的影响

乙苯脱氢为体积增加的反应，降低总压 $P_{总}$ 可增加反应的平衡转化率，故降低压力有利于平衡向脱氢方向移动。本实验加水蒸气的目的是降低乙苯的分压，以提高乙苯的平衡转化率。较适宜的水蒸气用量为：水：乙苯＝1.5：1（体积比）或 8：1（摩尔比）。

3. 空速的影响

乙苯脱氢反应系统中有平行副反应和连串副反应，随着接触时间的增加，副反应也随之增加，苯乙烯的选择性下降，故需采用较高的空速，以提高选择性。适宜的空速与催化剂的活性及反应温度有关，本实验乙苯的液空速以 $0.6h^{-1}$ 为宜。

(三) 催化剂

本实验以 Fe、K 为主要活性组分，添加少量的 I_A、II_A、I_B 族氧化物为助剂的 GS-08 催化剂。

四、实验装置及流程示意图 (13-1)

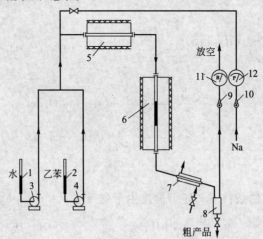

图 13-1　乙苯脱氢制备苯乙烯实验装置流程图

1—水计量管；2—乙苯计量管；3,4—进料泵；5—汽化室；6—反应室；7—冷凝器；
8—集液罐；9—H_2流量计；10—N_2流量计；11—湿式气体流量计；12—N_2压力表

五、乙苯脱氢装置使用说明

1. 熟悉实验装置及流程，弄清物料走向及加料、出料方法。

2. 仪表通电，待各仪表初始化完成后，设定控制温度：汽化室温度设定值为 300℃、反应器前温度设定为 500℃，反应器温度设定 540℃。

3. 系统通氮气：接通电源，系统通氮气，调节氮气流量为 20L/h。

4. 汽化器升温，冷却器通冷却水，具体操作为：打开汽化室加热开关，汽化器逐步升温，并打开冷却器的冷却水。

5. 开反应器前加热和反应器加热，具体操作为：当汽化器温度达到 200℃后，打开反应器前加热开关和反应器加热开关。

6. 开始通蒸馏水并继续通氮气，具体操作为：当反应器温度达 400℃时，开始加入蒸馏水，控制流量为 0.75mL/min，氮气流量为 18L/h。

7. 停止通氮气，加反应原料乙苯，具体操作为：当反应器内温度升至 540℃左右并稳定后，停止通氮气，开始加入乙苯，流量控制为 0.5mL/min。

8. 记下乙苯加料管内起始体积，并将集液罐内的料液放空。

9. 物料在反应器内反应 50min 左右，停止乙苯进料，改通氮气，流量为 18L/h，并继续通蒸馏水，保持汽化室和反应器内的温度。

10. 记录此时乙苯体积，算出原料加入反应器的体积。

11. 将粗产品从集液罐内放入量筒内静置分层。

12. 分层完全后，用分液漏斗分去水层，称出烃层液体质量。

13. 取少量烃层液样品，用气相色谱分析组成，并计算各组分的百分含量。

14. 改变反应器温度为 560℃，继续升温，当反应器温度升至 560℃左右并稳定后，再次加乙苯入反应器反应，重复步骤 7～13 中的相关操作，测得 560℃下的有关实验数据。

15. 重复步骤 14，测得 580℃、600℃下的有关实验数据。

16. 反应结束后，停止加乙苯。反应温度维持在 500℃左右，继续通水蒸气，进行催化剂的清焦再生，约半小时后停止通水，停止各反应器加热，通 N_2，清除反应器内的 H_2，并使实验装置降温。实验装置降温到 300℃以下时，可切断电源，切断冷却水，停止通 N_2，整理好实验现场，离开实验室。

17. 对实验结果进行分析，分别以转化率、选择性及收率对反应温度做出曲线，找出最适宜的反应温度区域，并对所得实验结果进行讨论，包括曲线图趋势的合理性、误差分析、实验成败原因分析等。

六、实验注意事项

1. 汽化温度控制在 300℃左右。

2. 反应器前温度控制在 500℃。

3. 脱氢反应温度分别为 540℃、560℃、580℃、600℃。

4. 水：乙苯＝1.5：1（体积比）。

5. 控制乙苯加料速率为 0.5mL/min，蒸馏水进料速率为 0.75mL/min。

七、实验记录

乙苯的转化率：
$$\alpha = \frac{RF}{FF} \times 100\%$$

苯乙烯的选择性：
$$S = \frac{P/M_1}{RF/M_0} \times 100\%$$

苯乙烯的收率：
$$Y = \alpha \cdot S \times 100\%$$

式中　α——原料乙苯的转化率，%；

S——目的产物苯乙烯的选择性，%；

Y——目的产物苯乙烯的收率，%；

RF——原料乙苯的消耗量，g；

FF——原料乙苯的加入量，g；

P——生成目的产物苯乙烯的量，g；

M_0——乙苯的分子量，kg/kmol；

M_1——苯乙烯的分子量，kg/kmol。

八、实验报告要求

1. 论述实验原理和操作步骤。

2. 对实验数据进行记录并整理。

3. 对实验数据进行合理分析。

4. 对实验现象和结果进行讨论。

5. 完成实验讲义中的思考题。

九、思考题

1. 乙苯脱氢生成苯乙烯的反应是吸热还是放热反应？如何判断？反应温度为多少？

2. 对本反应而言，是体积增大还是体积减小？加压有利还是减压有利？本实验采用什么方法？为什么加入水蒸气可以降低烃分压？

3. 本实验中你认为有哪几种液体产物生成？有哪几种气体产物生成？如何分析？

实验 14 管式反应器流动特性测定实验

一、实验目的

1. 了解连续均相管式循环反应器的返混特性。
2. 分析观察连续均相管式循环反应器的流动特征。
3. 研究不同循环比下的返混程度，计算模型参数 N。

二、实验内容

用脉冲示踪法测定循环反应器停留的时间分布；改变循环比，确定不同循环比下的系统返混程度；观察循环反应器的流动特征。控制系统的进口流量为 15L/h，采用不同循环比（$R=0$，3，5），通过测定停留时间的方法，借助多釜串联模型度量不同循环比下系统的返混程度。

三、实验原理

在工业生产上，对于某些反应，为了控制反应物的合适浓度，以便控制温度、转化率和收率，同时使物料在反应器内有足够的停留时间和具有一定的线速度，而将反应物的一部分物料返回到反应器进口，使其与新鲜的物料混合后再次进入反应器进行反应。在连续流动的反应器内，不同停留时间的物料之间的混合称为返混。对于这种循环过程与返混程度之间的关系，需要通过实验来测定。

在连续均相管式循环反应器中，若循环流量等于零，则反应器的返混程度与平推流反应器相近，由于管内流体的速度分布和扩散，会造成较小的返混。若有循环操作，则一部分反应器出口的流体被强制返回反应器入口，也就是返混。返混程度的大小与循环流量有关，通常定义循环比 R 为：

$$R = \frac{循环物料的体积流量}{离开反应器物料的体积流量}$$

其中，离开反应器物料的体积流量就等于反应器进料的体积流量；循环比 R 是连续均相管式循环反应器的重要特征，可自零变至无穷大。当 $R=0$ 时，相当于平推流管式反应器；当 $R=\infty$ 时，相当于全混流反应器。

因此，对于连续均相管式循环反应器，可以通过调节循环比 R，得到不同返混程度的反应系统。一般情况下，循环比大于 20 时，系统的返混特性已经非常接近全混流反应器。

返混程度的大小，一般很难直接测定，通常是利用物料停留时间分布的测定来研究。然而通过测定不同状态的反应器内停留时间分布时，我们可以发现，相同的停留时间分布可以有不同的返混情况，即返混与停留时间分布不存在一一对应的关系，因此不能用停留时间分布的实验测定数据直接表示返混程度，而要借助于反应器数学模型来间接表达。

停留时间分布的测定方法有脉冲法、阶跃法等，常用的是脉冲法。当系统达到稳定后，在系统的入口处瞬间注入一定量的示踪物料，同时开始在出口流体中检测示踪物料的浓度变化。

由停留时间分布密度函数的物理含义推导，可知：

$$E(t) = V \cdot C(t) / Q$$

式中　$C(t)$ ——t 时刻示踪剂的浓度；

　　　　V——体积流量；

　　　　Q——示踪剂的用量。

由此可见 $E(t)$ 与示踪剂浓度 $C(t)$ 成正比。因此，本实验中用水作为连续流动的物料，以饱和 KCl 作示踪剂，在反应器出口处检测溶液电导值。在一定范围内，KCl 浓度与电导值成正比，则可用电导值 L 来表达物料的停留时间变化关系，即 $E(t)$ 与 $L(t)$ 成正比。

由实验测定的停留时间分布密度函数 $E(t)$ 有两个重要的特征值，即平均停留时间 $\bar{t}$ 和方差 σ_t^2，可由实验数据计算得到。若用无因次对比时间 θ 来表示，即 $\theta = t / \bar{t}$，可得无因次方差 $\sigma_\theta^2 = \sigma_t^2 / \bar{t}^2$。

在测定了一个系统的停留时间分布后，如何来评介其返混程度，则需要用反应器模型来描述，这里我们采用的是多釜串联模型。

所谓多釜串联模型是将一个实际反应器中的返混情况与若干个全混釜串联时的返混程度等效。这里的若干个全混釜个数 n 是虚拟值，并不代表反应器个数，N 称为模型参数。多釜串联模型假定每个反应器为全混釜，反应器之间无返混，每个全混釜体积相同，则可以推导得到多釜串联反应器的停留时间与模型参数 N 存在关系为：

$$N = \frac{1}{\sigma_\theta^2} = \frac{\bar{t}^2}{\sigma_t^2}$$

四、实验装置及流程

本实验装置（图 14-1）由管式反应器和循环系统组成，连续流动物料为水，示踪剂为食盐水。实验时，水从水箱用进料泵往上输送，经进料流量计测量流量后，进入管式反应器，在反应器顶部分为两路，一路到循环泵经循环流量计测量流量后进入反应器，另一路经电导仪测量电导后排入地沟。待系统稳定后，食盐从盐水池通过电磁阀快速进入反应器。

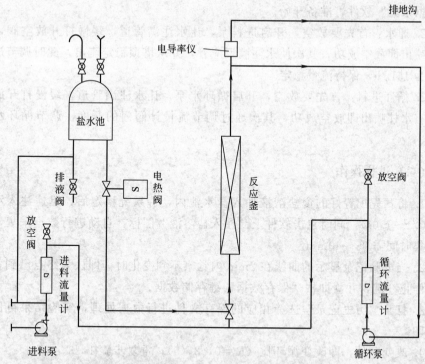

图 14-1 管式反应器流动特性实验装置流程图

(一) 实验仪器

有机玻璃管式反应器（1000mL）　　　　1个
DDS-11C 型电导率仪　　　　　　　　　1个
LZB 型转子流量计
　　进料：2.5～25L/h　　　　　　　　1个
　　循环：16～160L/h　　　　　　　　1个
DF2-3 电磁阀（PN0.8MPa 220V）　　　1个
磁力驱动泵 MP-20RZ　　　　　　　　2个

(二) 实验试剂

主流体　　　　　　　　　　　　　　自来水
示踪剂——食盐水溶液　　　　　　　0.017mol/L

五、装置使用说明

(一) 开车步骤

1. 通电：开启电源开关，将电导率仪预热。开电脑，打开"管式循环反应器数据采集"软件，准备开始。

2. 通水：首先要放空，开启进料泵，让水注满管道，缓慢打开放空阀，有水柱喷出即放空成功，其次使水注满反应管，并从塔顶稳定流出，此时调节进水流量为 15L/h，保持流量稳定。

3. 循环进料：首先要放空，开启循环水泵，让水注满管道，缓慢打开放空阀，有水柱喷出即放空成功，其次通过调节流量计阀门的开度，调节循环水的流量。

（二）进样操作

1. 将预先配置好的食盐溶液加入盐水池内，待系统稳定后，迅速注入示踪剂（0.1~1.0s），同时点击软件上"注入盐溶液"图标，自动进行数据采集，每次采集时间需 35~40min。

2. 当电脑记录显示的曲线在 2min 内觉察不到变化时，即认为终点已到，点击"停止"键，并立即按"保存数据"键存储数据。

3. 打开"历史记录"选择相应的保存文件进行数据处理，实验结果可保存或打印。

4. 改变条件，即改变循环比（$R=0$，3，5），重复步骤 1~3。

（三）结束步骤

先关闭自来水阀门，再依次关闭流量计、水泵、电导率仪、总电源；关闭计算机，将仪器复原。

六、实验注意事项

1. 做三个实验循环比（$R=0$，3，5）。
2. 流量调节稳定后方可注入示踪剂，整个操作过程中注意控制流量。
3. 为便于观察，示踪剂中加入了颜料。抽取时勿吸入底层晶体，以免堵塞。
4. 一旦失误，应等示踪剂出峰全部走平后，再重做。

七、实验记录

实验时，进水流量大小可设定为 40~60L/h，设定之后进行实验，并计算管式反应器的模型参数 N。实验所得曲线可以直接读出时间及电导率的数值（由于电导率与浓度之间存在线性关系），在所得曲线上取连续的 21 个点（相同时间间隔），可以直接对电导率进行复化辛普森积分，求出平均停留时间和方差，并以此求出模型参数 N。相关实验数据记录于表 14-1。计算公式如下：

$$\int_0^\infty C(t)\,\mathrm{d}t = \frac{h}{6}\left[C_0 + 4\sum_{k=0}^{9} C_{k+\frac{1}{2}} + 2\sum_{k=1}^{9} C_k + C_{10}\right]\text{（10 等分复化辛普森积分）}$$

$$E(t) = \frac{C(t)}{\int_0^\infty C(t)\,\mathrm{d}t}$$

$$\overline{t} = \int_0^\infty tE(t)\,\mathrm{d}t = \frac{h}{6}\left[tE_0(t) + 4\sum_{k=0}^{9} tE_{k+\frac{1}{2}}(t) + 2\sum_{k=0}^{9} tE_k(t) + tE_{10}(t) \right]$$

$$\int_0^\infty t^2 E(t)\,\mathrm{d}t = \frac{h}{6}\left[t^2 E_0(t) + 4\sum_{k=0}^{9} t^2 E_{k+\frac{1}{2}}(t) + 2\sum_{k=0}^{9} t^2 E_k(t) + t^2 E_{10}(t) \right]$$

$$\sigma_t^2 = \int_0^\infty t^2 E(t)\,\mathrm{d}t - \overline{t}^2$$

$$N = \frac{\overline{t}^2}{\sigma_t^2}$$

表 14-1　管式反应器流动特性测定实验记录表

t/s	$C(t)$	$E(t)$	$tE(t)$	$t^2 E(t)$

八、实验报告要求

1. 选择一组实验数据，用离散方法计算平均停留时间、方差，从而计算无因次方差和模型参数，要求写清计算步骤。

2. 与计算机计算结果比较，分析偏差原因。

3. 列出数据处理结果表。

4. 讨论实验结果。计算出不同条件下系统的平均停留时间，分析偏差原因；计算模型参数 N，讨论不同条件下系统的返混程度大小。

5. 完成实验讲义中的思考题。

九、思考题

1. 什么是循环比？循环反应器的特征是什么？

2. 讨论如何限制返混或加大返混程度。

第四章
化工分离实验

◀ 实验 15　变压吸附实验 ▶

一、实验目的

1. 了解和掌握连续变压吸附过程的基本原理和流程。
2. 了解和掌握影响变压吸附效果的主要因素。
3. 了解和掌握碳分子筛变压吸附提纯 N_2 的基本原理。
4. 了解和掌握吸附床穿透曲线的测定方法和目的。

二、实验内容

通过调节操作压力（加压吸附、减压解吸）完成吸附与解吸的操作循环，变温吸附则是通过调节温度（降温吸附，升温解吸）完成循环操作。变压吸附主要用于物理吸附过程，变温吸附主要用于化学吸附过程。本实验以空气为原料，以碳分子筛（carbon molecular sieves）为吸附剂，通过变压吸附的方法分离空气中的 N_2 和 O_2，达到提纯氮气的目的。

三、基本原理

物质在吸附剂（固体）表面的吸附必须经过两个过程：一是通过分子扩散到达固体表面，二是通过范德华力或化学键合力的作用吸附于固体表面。因此，要利用吸附实现混合物的分离，被分离组分必须在分子扩散速率或表面吸附能力上存在明显差异。

碳分子筛吸附分离空气中 N_2 和 O_2 就是基于两者在扩散速率上的差异。N_2

和 O_2 都是非极性分子，分子直径十分接近（O_2 直径为 0.28nm，N_2 直径为 0.3nm），由于两者的物性相近，与碳分子筛表面的结合力差异不大，因此，从热力学（吸收平衡）角度看，碳分子筛对 N_2 和 O_2 的吸附并无选择性，难于使两者分离。然而，从动力学角度看，由于碳分子筛是一种速率分离型吸附剂，N_2 和 O_2 在碳分子筛微孔内的扩散速度存在明显差异，如：35℃时，O_2 的扩散速度为 $2.0×10^6 kmol/(m^2 \cdot s)$，速度比 N_2 快 30 倍，因此当空气与碳分子筛接触时，O_2 将优先吸附于碳分子筛而从空气中分离出来，使得空气中的 N_2 得以提纯。由于该吸附分离过程是一个速率控制的过程，因此，吸附时间的控制（即吸附-解吸循环速率的控制）非常重要。当吸附剂用量、吸附压力、气体流速一定时，适宜的吸附时间可通过测定吸附柱的穿透曲线来确定。

所谓穿透曲线就是出口流体中被吸附物质（即吸附质）的浓度随时间的变化曲线。典型的穿透曲线如图 15-1 所示，由图 15-1 可见吸附质的出口浓度变化呈 S 形曲线，在曲线的下拐点（a 点）之前，吸附质的浓度基本不变（控制在要求的浓度之下），此时，出口产品是合格的。越过下拐点之后，吸附质的浓度随时间增加，到达上拐点（b 点）后趋于进口浓度，此时，床层已趋于饱和，通常将下拐点（a 点）称为穿透点，上拐点（b 点）称为饱和点。通常将出口浓度达到进口浓度的 95% 的点确定为饱和点，而穿透点的浓度应根据产品质量要求来定，一般略高于目标值。本实验要求 N_2 的浓度 ≥97%，即出口 O_2 的浓度 ≤3%，因此，将穿透点定为 O_2 浓度，浓度范围在 2.5%～3.0%。

为确保产品质量，在实际生产中吸附柱有效工作区应控制在穿透点之前，因此，穿透点（a 点）的确定是吸附过程研究的重要内容。利用穿透点对应的时间（t_0）可以确定吸附装置的最佳吸附操作时间和吸附剂的动态吸附量，而动态吸附容量是吸附装置设计放大的重要依据。

动态吸附容量的定义为在吸附开始直至穿透点（a 点）的时段内，单位重量的吸附剂对吸附质的吸附量。

$$G = \frac{V×t_0×(C_0 - C_B)}{W}$$

式中　G——动态吸附容量，g/g；

　　　V——实际气体流量，g/s；

　　　t_0——达到穿透点的时间，s；

　　　C_0——空气中氧气的浓度，wt%；

　　　C_B——穿透点处氧气的出口浓度，wt%；

　　　W——碳分子筛吸附剂的质量，g。

四、实验装置及流程

变压吸附装置是由两根可切换操作的吸附柱（A 柱、B 柱）构成，吸附柱尺

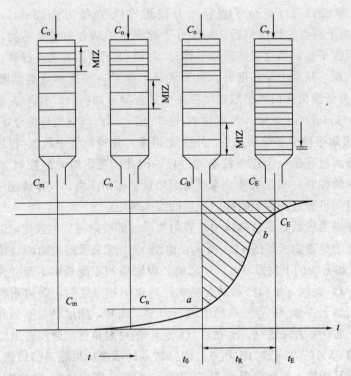

图 15-1　恒温固定床吸附器的穿透曲线

C_0—空气中氧气的浓度，wt%；C_B—穿透点处氧气的出口浓度，wt%；C_E—饱和点处
氧气的出口浓度，wt%；C_m，C_n—穿透点之前氧气的出口浓度，wt%

寸为 $\varPhi 36mm \times 450mm$，吸附剂为碳分子筛。

来自空压机的原料空气经脱油器脱油和硅胶脱水后进入吸附柱，气流的切换通过电磁阀由计算机在线自动控制。在计算机控制面板上，有两个可自由设定的时间窗口 K_1，K_2。K_1 表示吸附和解吸的时间（注：吸附和解吸在两个吸附柱分别进行）；K_2 表示吸附柱充压和串连吸附操作时间。

解吸过程分为两步，首先是常压解吸，随后进行真空解吸。

气体分析：出口气体中的氧气含量通过 CYES-Ⅱ型氧气分析仪测定。

五、装置使用说明

固定床变压吸附器装置及流程图如 15-2 所示。

1. 实验准备：检查压缩机、真空泵、吸附设备和计算机控制系统之间的连接是否到位，氧分析仪是否校正，15 支取样针筒是否备齐。

2. 接通压缩机电源，开启吸附装置上的电源。

3. 开启真空泵上的电源开关，然后在计算机面板上启动真空泵。

4. 调节压缩机出口稳压阀，使输出压力稳定在 0.5MPa（表压 0.4MPa）。

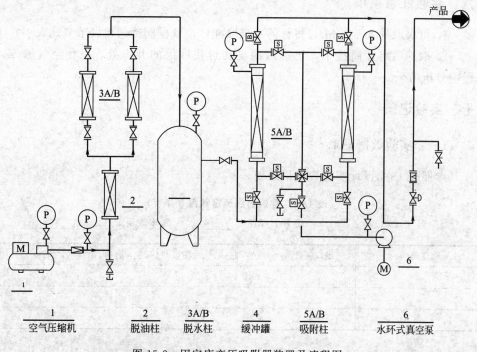

1	2	3A/B	4	5A/B	6
空气压缩机	脱油柱	脱水柱	缓冲罐	吸附柱	水环式真空泵

图 15-2　固定床变压吸附器装置及流程图

5. 调节气体流量阀，将流量控制在 3.0L/h 左右。

6. 将计算机面板上的时间窗口分别设定为 $K_1=600\text{s}$，$K_2=5\text{s}$，启动设定框下方的开始按钮，系统运行 30min 后，开始测定穿透曲线。

7. 穿透曲线测定方法：系统运行 30min 后，观察计算机操作屏幕，从操作状态进入 K_1 的瞬间开始，迅速按下面板上的计时按钮，然后，每隔 1min，用针筒在取样口处取样分析一次（若 $K_1=600\text{s}$，取 10 个样），记录取样时间与样品氧含量的关系，同时记录吸附压力、温度和气体流量。

8. 改变气体流量，将流量提高到 6.0L/h，然后重复步骤 6 和步骤 7 操作。

9. 调节压缩机出口气体减压阀，将气体压力升至 0.7MPa（表压 0.6MPa），重复步骤 5～7 操作。

10. 停车步骤

（1）先按下 K_1，K_2 设定框下方的停止操作按钮，将时间参数重新设定为 $K_1=120\text{s}$，$K_2=5\text{s}$，然后启动设定框下方的开始按钮，让系统运行 10～15min。

（2）系统运行 10～15min 后，按下计算机面板上停止操作按钮，停止吸附操作。

（3）在计算机控制面板上关闭真空泵，然后关闭真空泵上的电源。

（4）关闭压缩机电源。

六、实验注意事项

1. 每次取样 8~10mL，将针筒对准取样口，取样阀旋钮可调节气速大小。

2. 取样后将针筒拔下，迅速用橡皮套封住针筒的开口处，以免空气渗入，影响分析结果。

七、实验记录

（一）实验数据记录

参照表 15-1 设计实验数据记录表。

表 15-1 穿透曲线测定数据（样表）

吸附温度 $T/℃$：_____　　压力 P/MPa：_____　　气体流量 $V/(L/h)$：_____

吸附时间/s	出口氧含量/wt%	吸附时间/s	出口氧含量/wt%

（二）实验数据整理

根据实验数据，在同一张图上标绘两种气体流量下的吸附穿透曲线。若将出口氧气浓度为 3.0% 的点确定为穿透点，请根据穿透曲线确定不同操作条件下穿透点出现的时间 t_0，记录于表 15-2。

表 15-2 穿透时间记录表

吸附压力/MPa	吸附温度/℃	实际气体流量/(L/h)	穿透时间/min

根据表 15-2 计算不同条件下的动态吸附容量

$$G = \frac{V_N \times \dfrac{29}{22.4} \times t_0 \times (y_0 - y_B)}{W}$$

$$V_N = \frac{T_0 \times P}{T \times P_0} \times V$$

式中　G——动态吸附容量（氧气质量/吸附剂体积），g/g；

P——实际操作压力，MPa；

P_0——标准状态下的压力，MPa；

T——实际操作温度，K；

T_0——标准状态下的温度，K；

V——实际气体流量，L/min；

V_N——标准状态下的气体流量，L/min；

t_0——达到穿透点的时间，s；

y_0——空气中氧气的浓度，wt%；

y_B——穿透点处氧气的出口浓度，wt%；

W——碳分子筛吸附剂的质量，g。

八、实验报告要求

1. 简述实验原理和操作步骤。

2. 对实验数据进行记录并进行整理。

3. 对实验数据进行合理分析。

4. 对实验现象和结果进行讨论。

5. 完成实验讲义中的思考题。

九、思考题

1. 在本装置中，一个完整的吸附循环包括哪些操作步骤？

2. 气体的流速对吸附剂的穿透时间和动态吸附容量有何影响？为什么？

3. 吸附压力对吸附剂的穿透时间和动态吸附容量有何影响？为什么？

4. 根据实验结果，你认为本实验装置的吸附时间应该控制在多少合适？

5. 该吸附装置在提纯 N_2 的同时，还具有富集 O_2 的作用，如果实验目的是为了富集 O_2，实验装置及操作方案应作哪些改动？

实验 16　纳滤反渗透实验

一、实验目的

1. 了解膜的结构和影响膜分离效果的因素，包括膜材质、压力和流量等。
2. 了解膜分离的主要工艺参数，掌握膜组件性能的表征方法。
3. 掌握膜分离流程。
4. 掌握电导率仪等检测方法。

二、实验内容

1. 使用膜分离技术制纯净水，分别测定截留率（R）、透过液通量（J）和溶质浓缩倍数（N），分析比较出不同分离技术的适用范围。
2. 改变温度、压力等条件，比较膜性能参数的变化规律。

三、基本原理

膜分离是以对组分具有选择性透过功能的膜为分离介质，通过在膜两侧施加（或存在）一种或多种推动力，使原料中的某组分选择性地优先透过膜，从而达到混合物的分离，并实现产物的提取、浓缩、纯化等目的的一种新型分离过程。其推动力可以为压力差（也称跨膜压差）、浓度差、电位差、温度差等。膜分离过程有多种，不同的过程所采用的膜及施加的推动力不同，通常称进料液流侧为膜上游、透过液流侧为膜下游。

膜分离技术是在中药分离纯化、浓缩的应用中崛起的一门分离新技术。膜分离技术由于兼有分离、浓缩、纯化和精制的功能，又有高效、节能、环保、分子级过滤及过滤过程简单、易于控制等特征，因此，目前已广泛应用于食品、医药、生物、环保、化工、冶金、能源、石油、水处理、电子、仿生等领域，已成为当今分离科学中最重要的手段之一。

微滤（MF）、超滤（UF）、纳滤（NF）与反渗透（RO）都是以压力差为推动力的膜分离过程，当膜两侧施加一定的压差时，可使一部分溶剂及小于膜孔径的组分透过膜，而微粒、大分子、盐等被膜截留下来，从而达到分离的目的。

四个过程的主要区别在于被分离物粒子或分子的大小和所采用膜的结构与性能。微滤膜的孔径范围为 $0.05\sim10\mu m$，所施加的压力差为 $0.015\sim0.2MPa$；超滤分离的组分是大分子或直径不大于 $0.1\mu m$ 的微粒，其压差范围为 $0.1\sim$

0.5MPa；反渗透常被用于截留溶液中的盐或其他小分子物质，所施加的压差与溶液中溶质的相对分子质量及浓度有关，通常的压差在 2MPa 左右，也有高达 10MPa 的；介于反渗透与超滤之间的为纳滤过程，膜的脱盐率及操作压力通常比反渗透低，一般用于分离溶液中相对分子质量为几百至几千的物质。

一般而言，膜组件的性能可用截留率（R）、透过液通量（J）和溶质浓缩倍数（N）来表示。

$$R = \frac{C_0 - C_P}{C_0} \times 100\% \tag{16-1}$$

式中　R——截流率；

　　C_0——原料液的浓度，$kmol/m^3$；

　　C_P——透过液的浓度，$kmol/m^3$。

对于不同溶质成分，在膜的正常工作压力和工作温度下，截留率不尽相同，因此这也是工业上选择膜组件的基本参数之一。

$$J = \frac{V_P}{S \cdot t} \tag{16-2}$$

式中　J——透过液通量，$L/(m^2 \cdot h)$；

　　V_P——透过液的体积，L；

　　S——膜面积，m^2；

　　t——分离时间，h。

其中，$Q = \dfrac{V_P}{t}$，即透过液的体积流量。在把透过液作为产品侧的某些膜分离过程中（如污水净化、海水淡化等），该值用来表征膜组件的工作能力。一般膜组件出厂，均有纯水通量这个参数，即用日常自来水（钙离子、镁离子等成为溶质成分）通过膜组件而得出的透过液通量。

$$N = \frac{c_R}{c_P} \tag{16-3}$$

式中　N——溶质浓缩倍数；

　　c_R——浓缩液的浓度，$kmol/m^3$；

　　c_P——透过液的浓度，$kmol/m^3$。

该值比较了浓缩液和透过液的分离程度，在某些以获取浓缩液为产品的膜分离过程中（如大分子提纯、生物酶浓缩等），是重要的表征参数。

四、实验装置

具体工艺流程参见图 16-1。

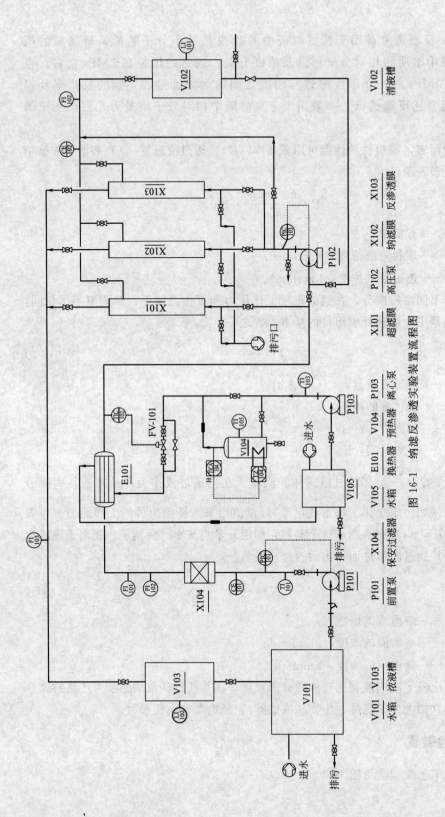

图 16-1 纳滤反渗透实验装置流程图

| V101 | V103 | P101 | X104 | V105 | E101 | V104 | P103 | P101 | X101 | P102 | X102 | X103 | V102 |
| 水箱 | 浓液槽 | 前置泵 | 保安过滤器 | 水箱 | 换热器 | 预热器 | 离心泵 | 前置泵 | 超滤膜 | 高压泵 | 纳滤膜 | 反渗透膜 | 清液槽 |

五、装置使用说明

（一）实验前准备工作

1. 查看电脑与实验装置进行连接通信后是否正常工作。
2. 确认控制箱上的仪表开关旋钮处于关闭状态。
3. 接通电源（把电源插头插到插座上），查看强电是否缺相电。
4. 打开控制箱上的空气开关。
5. 开阀 VA116，开泵 P103 后开阀 VA118、VA119、VA120。
6. 待预热器 V104 充满水时开启加热管，设定 TIC104 的温度来控制超滤、纳滤、反渗透的实验温度。

（二）超滤实验

1. 超滤

将配置好的原料液倒进料液槽。开阀 VA101，开启前置泵 P101，开阀 VA102、VA104、VA105、VA106、VA113、VA114，关闭其余阀门，并在电脑界面上打开超滤 X101 实验进行过滤实验，通过 PIC101 压力控制泵 P101 的流量，通过 VA105、VA106 阀门开度来控制原料液与清液的流量大小，实验结束后关闭阀门。

注意：超滤实验膜耐压范围 0～0.4MPa，耐温范围 0～100℃。

2. 水反冲洗

开阀 VA128、VA130，开启高压泵 P102，开阀 VA124、VA106、VA127，关闭其他阀门，并在电脑界面上打开超滤 X101 实验进行反冲洗实验，通过 PIC103 压力控制泵 P102 的流量大小，实验结束后关闭阀门。

注意：反冲洗实验膜耐压范围 0～0.6MPa，耐温范围 0～100℃。

（三）纳滤实验

1. 纳滤

开阀 VA101，开启前置泵 P101，开阀 VA102、VA103，开启高压泵 P102，开阀 VA107、VA108、VA109、VA113、VA114，关闭其余阀门，并在电脑界面上打开纳滤 X102 实验进行过滤实验，通过 PIC101、PIC103 压力分别控制泵 P101、P102 的流量，通过 VA108、VA109 阀门开度来控制原料液与清液的流量大小。

注意：纳滤实验膜耐压范围 0～0.52MPa，耐温＜45℃。

2. 水反冲洗

开阀 VA128、VA130，开启高压泵 P102，开阀 VA124、VA109、VA126，

关闭其他阀门，并在电脑界面上打开纳滤 X102 实验进行反冲洗实验，通过 PIC103 压力控制泵 P102 的流量大小。

注意：反冲洗实验膜耐压范围 0～1.5MPa，耐温＜45℃。

（四）反渗透实验

1. 反渗透

开阀 VA101，开启前置泵 P101，开阀 VA102、VA103，开启高压泵 P102，开阀 VA110、VA111、VA112、VA113、VA114，关闭其余阀门，并在电脑界面上打开超滤 X102 实验进行过滤实验，通过 PIC101、PIC103 压力分别控制泵 P101、P102 的流量，通过 VA111、VA112 阀门开度来控制原料液与清液的流量大小。

注意：反渗透实验膜耐压范围 0～1.5MPa，耐温＜45℃。

2. 水反冲洗

开阀 VA128、VA130，开启高压泵 P102，开阀 VA124、VA112、VA125，关闭其他阀门，并在电脑界面上打开反渗透 X103 实验进行反冲洗实验，通过 PIC103 压力控制泵 P102 的流量大小。

注意：反冲洗实验膜耐压范围 0～2MPa，耐温＜45℃。

（五）停车操作

1. 关闭仪表电源。
2. 关闭空压机、离心泵，切断总电源。
3. 清理实验设备。

六、实验注意事项

（一）紧急停车

遇到下列情况之一者，应立即停车处理：离心泵发出异常的声响；电机电流超过额定值持续不降；仪表设备缺相电。

（二）维护与保养

1. 使用前请仔细阅读"操作说明"和系统流程。
2. 在装置使用之前，需使用去离子水运行 10～20min。
3. 拆装陶瓷膜时，要避免碰撞（尤其两端），以免影响密封性能。
4. 根据试验料液的情况选择或配置合适的清洗剂及清洗工艺。
5. 长时间不用，保存时需在系统内加入一定量的保护剂，如：甲醛、H_2O_2 等，密封保存。

（三）安全规则

1. 请勿将运转设备长时间闭阀运行。

2. 外部供电意外停电时请切断装置总电源，以防重新通电时运转设备突然启动而产生危险。

3. 如遇到意外情况，请立即切断电源。

4. 每次停车后请及时切断总电源，并将装置内的物料排放干净。

5. 注意定期对运转设备进行保养，尤其是长时间未使用的情况下，以保证装置的正常使用。

七、实验记录

实验记录样表见表 16-1。

表 16-1　膜过滤实验原始数据样表

实验	分离时间	前置泵(开度)	高压泵(开度)	PIC101 /kPa	PIC103 /kPa	过滤液流量	浓液流量	清液流量	电导率1 /(μs/cm)	电导率2 /(μs/cm)	TI101 /℃	TIC102 /℃

八、实验报告要求

1. 计算三种膜的截留率（R）、透过液通量（J）和溶质浓缩倍数（N），比较分离能力的差异。

2. 讨论不同温度、压力对分离能力的影响。

九、思考题

1. 查阅文献，回答什么是浓度极差？有什么危害？

2. 设计实验考察反冲洗的最优时间。

3. 为什么随着分离时间的进行，膜的通量越来越低？

第五章 »»»
化工实训与仿真

实验 17　传热过程综合实训

一、实训目标

1. 掌握传热过程的基本原理和流程，学会传热过程的操作，了解操作参数对传热的影响，熟悉换热器的结构与布置情况，学会处理传热过程的不正常情况。

2. 了解不同种类换热器的构造，以空气和水蒸气为传热介质，可以测定不同种类换热器的总传热系数。正常开车，按要求操作调节到指定数值，正常停车。

3. 了解孔板流量计、液位计、流量计、压力表、温度计等仪表；掌握化工仪表和自动化在传热过程中的应用。

4. 识读传热岗位的工艺流程图、面板示意图、实训设备一览表。

5. 了解掌握工业现场生产安全知识。

二、实训内容

1. 测定换热器的总传热系数，对数传热温差。

2. 对套管换热器、螺旋板式换热器、蛇管换热器和列管换热器四种不同型式的换热器进行开停车、串并联操作，并对其传热性能进行比较。

三、基本原理

（一）传热过程基本原理

传热是指由温度差引起的能量转移，又称热传递。由热力学第二定律可知，凡是有温度差存在时，就必然发生热量从高温处传递到低温处。

总传热系数 K 是评价换热器性能的一个重要参数，也是对换热器进行传热计算的依据。对于已有的换热器，可以通过测定有关数据，如设备尺寸、流体的流量和温度等，然后由传热速率方程式计算 K 值。传热速率方程式是换热器传热计算的基本关系。在该方程式中，冷、热流体的温度差 ΔT_m 是传热过程的推动力，它随着传热过程冷热流体的温度变化而改变。传热速率方程如下。

$$Q = K \times S \times \Delta T_m$$

（二）换热器的简介

套管换热器：是用管件将两种尺寸不同的标准管连接成为同心圆的套管。套管换热器结构简单、能耐高压。

蛇管换热器：是以金属管子弯制而成，制成适应容器的形状，沉浸在容器中。两种流体分别在蛇管内、外流动而进行热量交换。蛇管换热器价格低廉，便于防腐蚀，能承受高压。

列管换热器：本实验用的是固定管板式换热器，它是列管换热器的一种。它由壳体、管束、管箱、管板、折流挡板、接管件等部分组成。其结构特点是，两块管板分别焊于壳体的两端，管束两端固定在管板上。整个换热器分为两部分：换热管内的通道及与其两端相贯通处称为管程；换热管外的通道及与其相贯通处称为壳程。它具有结构简单和造价低廉的优点。

螺旋板式换热器：它是由两张间隔一定的平行薄金属板卷制而成的。两张薄金属板形成两个同心的螺旋形通道，两板之间焊有定距柱以维持通道间距，在螺旋板两侧焊有盖板。冷热流体分别通过两条通道，通过薄板进行换热。

四、实训装置及流程

（一）流程介绍

实训装置包括传热实训对象、仪表操作台、监控计算机、监控数据采集软件、数据处理软件几部分。

传热实训对象包括两台风机、列管换热器、蛇管换热器、螺旋板式换热器、套管换热器、蒸汽发生器、蒸汽调节装置及管路、不凝性气体排放装置及管路、冷凝水排放系统及管路、冷却水系统、流量检测传感、压力检测传感、现场显示变送仪表等组成。实训设备配置见表17-1。

（二）装置示意图

实训装置示意图如图17-1所示。

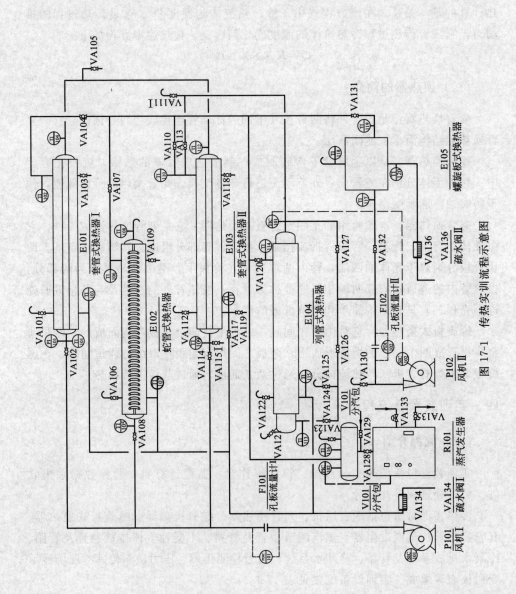

图 17-1 传热实训流程示意图

五、实训操作

（一）开车前的动、静设备检查

1. 熟悉设备工艺流程图，各个设备组成部件所在位置（如蒸汽发生器、疏水阀、列管换热器、套管换热器、板式换热器、蛇管换热器等）。

2. 熟悉各取样点及温度、压力、流量、测量与控制点的位置。

3. 检查公用工程水电是否处于正常供应状态，管路、各种换热器、管件、仪表、流体输送设备、蒸汽发生器是否完好，检查阀门、分析测量点是否灵活好用。

① 管路、阀门：先检查传热设备上的管路有无破损、换热器检查阀门能否开关。

② 仪表：打开设备总电源开关，仪表全亮并且数字无任何闪动表示仪表正常。

③ 漩涡气泵：任意打开一种换热器的空气进出口阀门启动相应的漩涡气泵，如果出口有风冒出则说明气泵运转正常。

④ 蒸汽发生器：打开水的总阀开关和进蒸汽发生器水阀 VA133 开关，打开蒸汽发生器电源开关后，检查蒸汽发生器侧面液位计里面液体的位置，如果液位计液面较低，会听见水泵进水的声音。打开阀门 VA128、VA104，关闭阀门 VA129，打开蒸汽发生器加热开关，过一段时间后发现 VA134 疏水阀下方有蒸汽冒出，这说明蒸汽发生器是完好的。

（二）漩涡气泵操作

漩涡气泵是一种特殊的离心气泵，其工作原理和离心气泵相同，即依靠叶轮旋转产生的惯性离心力而吸气和排气，旋涡气泵的压头和功率随气体流量的减小而增大，因此启动泵时出口阀门应全开，并采用旁路调节流量，避免泵在很小的流量下运转。

1. 旋涡气泵 P101 的启动

手动启动泵：首先打开旋涡气泵的出口阀 VA102、VA105（必须要保证旋涡气泵的出口阀门打开，这样避免旋涡气泵被烧坏）找到控制旋涡气泵 P101 的变频器（泵的变频器调成手动），按变频器的 RUN 键就可以启动旋涡气泵了。

电脑启动泵（泵的变频器调到自动）：首先打开旋涡气泵的出口阀 VA102、VA105（必须要保证旋涡气泵的出口阀门打开，这样避免旋涡气泵被烧坏），打开电脑桌面的传热实训装置的程序，找到旋涡气泵 P101 的开关，打开开关（变绿就说明开启了）。

2. 漩涡泵停车

手动启动漩涡泵只需要关闭控制泵的变频器就可以了，即按一下变频器的 RUN 就可以关泵了。

表 17-1 实验设备一览表

符号	名称	型号、规格和材质	数量
VA134	疏水阀Ⅰ	CS19H-16K	1
VA136	疏水阀Ⅱ	CS19H-16K	1
E101	套管换热器Ⅰ	$0.2m^2$;0.25kPa	1
E102	蛇管换热器	$1.5m^2$;0.25kPa	1
E103	套管换热器Ⅱ	$0.2m^2$;0.25kPa	1
E104	列管换热器	$1.5m^2$;0.25kPa	1
E105	螺旋板式换热器	LL1,$1m^2$	1
F101	孔板流量计Ⅰ	$\Phi70\sim\Phi14$	1
F102	孔板流量计Ⅱ	$\Phi70\sim\Phi14$	1
P101	风机Ⅰ	YS-7112,550W	1
P102	风机Ⅱ	YS-7112,550W	1
R101	蒸汽发生器	LDR12-0.4-2	1
V101	分汽包	$\Phi23\times46$	1
PI101	套管换热器Ⅰ压力	$0\sim10kPa$	1
PI102	孔板流量计Ⅱ压差	$0\sim10kPa$	1
PIC101	孔板流量计Ⅰ压差	$0\sim10kPa$,AI519BS	1
TI101	套管换热器Ⅰ温度1	AI501BS	1
TI102	套管换热器Ⅰ温度2	AI501BS	1
TI103	套管换热器Ⅰ温度3	AI501BS	1
TI104	套管换热器Ⅰ温度4	AI501BS	1
TI105	蛇管换热器温度1	AI501BS	1
TI106	蛇管换热器温度2	AI501BS	1
TI107	蛇管换热器温度3	AI501BS	1
TI108	蛇管换热器温度4	AI501BS	1
TI109	套管换热器Ⅱ温度1	AI501BS	1
TI110	套管换热器Ⅱ温度2	AI501BS	1
TI111	套管换热器Ⅱ温度3	AI501BS	1
TI112	套管换热器Ⅱ温度4	AI501BS	1
TI113	列管换热器温度1	AI501BS	1
TI114	列管换热器温度2	AI501BS	1
TI115	列管换热器温度3	AI501BS	1
TIC101	列管换热器温度4	AI519BS	1
TI16	分汽包内温度	AI501BS	1

符号	名称	型号、规格和材质	数量
TI17	螺旋板换热器温度1	AI501BS	1
TI18	螺旋板换热器温度2	AI501BS	1
TI19	螺旋板换热器温度3	AI501BS	1
TI20	螺旋板换热器温度4	AI501BS	1
SIC101	风机Ⅰ的变频器	SV300；1.5kW	1
SIC102	风机Ⅱ的变频器	SV300；1.5kW	1

电脑停泵只需关闭传热实训程序中漩涡泵 P101 的开关（使其变红就说明关闭了），最后关闭泵的出口阀 VA102、VA105。

（三）换热器开停车操作

1. 套管换热器 E101 开停车

（1）先把所有阀门关闭。

（2）打开阀门 VA128、VA102、VA104、VA105（必须要保证风机的进出口阀门打开，否则风机会被烧坏。保证蒸汽发生器的蒸汽出口打开，避免蒸汽压力过大），打开总电源开关、打开蒸汽发生器电源开关、打开蒸汽发生器加热开关，待疏水阀 VA134 下方有蒸汽冒出，即可打开风机 P101 开关。

（3）慢慢旋开阀门 VA101 放出一点蒸汽（注：见到蒸汽即可，这样打开 VA101 是为了放出换热器中的不凝气，以免对数据有影响。调节阀门要一点点调节，避免被烫伤），调节管路空气流量有两种方式：一种是通过仪表控制，另一种是通过电脑程序调节。在仪表或电脑程序界面上输入一定的压差（一般压差从小到大调节，压差是通过压差传感器 PIC101 测量的），等稳定 6～7min 以后记录 TI101、TI102、TI103、TI104 和 PIC101 的读数，然后再改变风机的压差，稳定 6～7min 以后记录 TI101、TI102、TI103、TI104 和 PIC101 的读数（必须要稳定一段时间才能记录数据，否则会造成数据不准确），以此类推。

（4）记录到最大压差后，先停止蒸汽发生器的加热开关，等蒸汽发生器内的压力降到零以后，停止风机开关，关闭刚才所开的阀门，最后关闭总电源开关。

2. 列管换热器 E104 逆流开停车

（1）先把所有阀门关闭。

（2）全开阀门 VA130，打开阀门 VA128、VA120、VA126、VA124、VA111。打开总电源开关，打开蒸汽发生器电源开关，打开蒸汽发生器加热开关，待疏水阀 VA134 下方有蒸汽冒出，即可打开风机 P102 开关。

（3）慢慢旋开阀门 VA122，放出一点蒸汽。调节管路空气流量是通过调节阀门 VA130 的开度调节。调节阀门 VA130 调到一定的压差，等稳定 6～7min

以后记录 TI113、TI114、TI115 和 TIC101 的读数。然后改变风机的压差，稳定 6～7min 以后记录。

（4）最大压差后，先停止蒸汽发生器的加热开关，等蒸汽发生器内的压力降到零以后，停止风机开关，关闭刚才所开的阀门，最后关闭总电源开关。

（四）化工仪表操作

1. 流量控制或温度控制

使用 AI519 表，PIC101、TIC101 数值的修改方法为：修改仪表面板上数据设定值的数值，可以利用仪表的数字上调键增加数值或数字下调键减小数值，按键并保持不动可以快速调节的数值进行增加或减小。也可以利用数字位置键直接对所要修改的数值进行修改，所修改数值位的小数点会闪动，如图 17-2 所示。

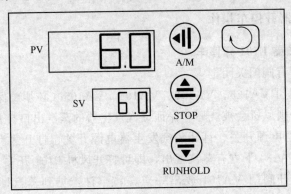

图 17-2　流量控制或温度控制仪面板

2. 仪表自整定

如果仪表控制所需要的流量或温度误差很大，那么需要仪表自整定，按住 键不放会进入到界面 PV 显示 "AT"，SV 界面显示 "OFF"，按下 键就可以改为 "ON"，再按一下 键就可以回到初始界面（SV 界面数值会一闪一闪，这个显示正常），这个时候仪表已经在自动整定了，直到能控制所需要的数据误差不大为止。整定完毕后仪表会恢复到正常控制状态。

3. 自动与手动的切换

变频器数值的改变可以在计算机程序界面中改动（变频器处于自动状态），也可以在变频器的操作面板上进行改动（变频器处于手动状态）。在计算机程序控制的情况下将无法进行手动变频器的操作面板数值改动，需要进行自动与手动的切换。相关具体操作如下。

仪表送电后，变频器显示为 "50.00" 或 "0000"，按 "DSP/FUN"（参数设定）键（图 17-3），屏幕显示 "F000"，利用 "RESET"（数值位置键）、"∧"

（数值上调）键、"∨"（数值下降）键调节 F000 为 F010，按"READ/ENTER"（参数确定）键，面板屏幕显示"0000"，可以再利用"RESET"（数值位置键）、"∧"（数值上调）键、"∨"（数值下降）键，将数值改为"0000"（按键面板设定频率即手动控制）、"0001"（运转指令由外部端子设定即由计算机或面板上电位器设定），调节"F000"为"F011"，按"READ/ENTER"（参数确定）键，面板屏幕显示"0000"，可以再利用"RESET"（数值位置键）、"∧"（数值上调）键、"∨"（数值下降）键，将数值改为"0000"（按键面板设定频率即手动控制）、"0001"（运转指令由外部端子设定即由计算机或面板上电位器设定）、"0002"（频率指令由 TM2 上电位器或仪表计算机控制）。设定好后按"READ/ENTER"（参数确定）键，面板屏幕恢复到"F010 或 F011"状态，再按"DSP/FUN"（参数设定）键，退出参数设定项，面板屏幕将显示你所选择的频率设定方式所对应的状态。

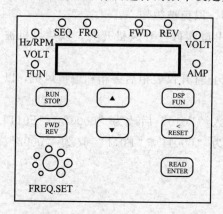

1. SEQ指示灯：F010设为1时，指示灯常亮。
2. FRQ指示灯：F011为1/2/3时，指示灯常亮。
3. FWD指示灯：转向设定为正转时，指示灯会动作(停机中闪烁，运转后则处于常亮状态)。
4. REV指示灯：转向设定为反转时，指示灯会动作(停机中闪烁，运转后则处于常亮状态)。
5. FUN、Hz/PRM、VOLT、AMP4种指示灯动作及4个7段显示器的显示内容请参考操作面板按键说明。

图 17-3　控制面板示意图

（五）空气流量控制操作

空气流量控制过程如图 17-4 所示。

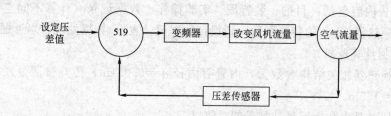

图 17-4　空气流量控制过程

通过在 AI519 表上设定压差值，AI519 表把信号给到控制风机变频器上，通过改变风机的频率来控制风机的流量，空气的流量是根据孔板流量计两端的压差传感器来测量的，通过压差传感器的测量再反馈到 AI519 表上，形成一个回路，通过反复的调节，最终调节到所需要的流量。控制风机 P101 流量有以下两种方法。

1. 手动调节仪表控制流量

首先把所有阀门关闭。打开阀门 VA102、VA104、VA105，打开总电源开关，在 PIC101 仪表上手动调节，按仪表的向左键，按向上或向下键调到所需要的流量，稳定一段时间就可以达到所需要的流量。

2. 电脑程序控制流量

直接打开电脑传热程序，在界面上点击 PIC101，到输入界面上输入所需要的流量，启动风机开关稳定一段时间就可以控制达到所需要的流量。

六、注意事项

1. 由于本实训是气-汽传热，使用的是 0.05～0.1MPa 压力下的蒸汽，因此禁止触摸涉及到蒸汽进出口的管路和换热器，以免被烫伤。

2. 换热器的操作必须要打开冷空气的出口阀再打开风机开关，以免风机被烧坏。

3. 本实训的电压涉及 380V 高压电，禁止打开仪表柜后备箱和触摸风机，以免触电。

4. 本设备上参数实现手动的参数为进入"F010"后改为"0000"，"F011"改为"0000"。计算机控制"F010"改为"0001"，"F011"改为"0002"。"FWD/REV"为正反转调节。

七、实训数据记录表

传热操作稳定 15min，记录冷流体和热流体流量、蒸汽压力、冷流体和热流体进出口温度。自行设计数据记录表。

八、实训报告要求

1. 报告内容包括：目的、装置图、实验操作、数据记录（计算不同空气流量下套管换热器 E103 的传热系数，请设计数据记录表）、数据处理、思考题。

2. 数据计算资料。

套管换热器相关结构参数为：内管管内径 $d=0.051\text{m}$；传热管测量段的实际长度 $L=1.5\text{m}$。

由于压差是由孔板流量计测量的，所以

$$V_{t_1}=c_0 \times A_0 \times \sqrt{\frac{2 \times \Delta P}{\rho_{t_1}}}$$

式中　c_0——孔板流量计孔流系数，$c_0=0.7$；

　　　A_0——孔的面积，m^2；

ρ_{t_1}——空气入口温度（即流量计处温度）下密度，kg/m^3；ΔP——孔板两端压差，kPa。

由于换热器内温度的变化，传热管内的体积流量需进行校正：

$$V_m = V_{t_1} \times \frac{273 + t_m}{273 + t_1}$$

式中　V_m——传热管内平均体积流量，m^3/h；

　　　t_m——传热管内平均温度，℃，$t_m = (t_1 + t_2)/2$。

九、思考题

1. 制定蛇管换热器 E102 开停车步骤。（现场回答）
2. 制定螺旋板式换热器 E105 开停车步骤。
3. 如何实现列管换热器 E104 冷空气与热蒸汽并流操作，请写出具体操作步骤。（现场回答）
4. 空气以一定流量通过不同的换热器后温度不低于规定值，采取正确的操作方法，完成实训指标，请写出具体的操作方法。

（1）套管换热器：空气流量为 $50m^3/h$ 时，要求空气出口温度达到 65℃。

（2）蛇管换热器：空气流量为 $50m^3/h$ 时，要求空气出口温度达到 75℃。

（3）列管换热器：空气流量为 $50m^3/h$ 时，要求空气出口温度达到 110℃。

（4）螺旋板式换热器：空气流量为 $50m^3/h$ 时，要求空气出口温度达到 85℃。

实验 18　流体输送综合实训

一、实训目标

1. 掌握流体输送过程中的压力、流量、液位控制。

2. 采用不同流体输送设备（离心泵、压缩机、真空泵）和输送形式（动力输送和静压输送）来加深流体输送概念和加强操作能力训练。

3. 通过实训锻炼学生判断和排除故障的能力。

二、实训内容

1. 液体输送训练：离心泵的开停车及流量调节；离心泵的气缚气蚀；离心泵的串并联。

2. 气体输送训练：空压机的开停车，压力缓冲罐的调节；真空泵的开停车，真空度调节方法。

3. 设备特性训练：离心泵特性曲线；管路特性曲线；直管阻力测定；阀门局部阻力测定；孔板流量计性能校核。

4. 离心泵故障排除和联锁等训练：保证安全生产，锻炼学生联锁系统的投运、切除和检修的能力。

三、基本原理

液体和气体统称为流体，在化工生产中较为常见。在生产过程中，流体从一个工序或设备转移到另一个工序或设备，需要进行流体输送操作，该操作也是化工生产中较常见的单元操作，对生产有重要意义。本实训主要根据离心泵的工作原理进行液体输送实训，根据往复式空压机的工作原理进行气体输送实训。

离心泵的基本工作原理为利用叶轮旋转使液体发生离心运动来完成液体输送工作。具体为离心泵在启动前，必须使泵壳和吸液管内充满液体，然后启动电机，使泵轴带动叶轮和液体做高速旋转运动，液体发生离心运动，被甩向叶轮外缘，经蜗形泵壳的流道流入离心泵的压液管路，实现液体输送工作。

往复式压缩机的基本工作原理为使一定容积的气体顺序地吸入和排出封闭空间，提高静压力的压缩机，属于容积式压缩机。具体为曲轴带动连杆，连杆带动活塞，活塞做上下运动。活塞运动使气缸内的容积发生变化，当活塞向下运动的时候，气缸容积增大，进气阀打开，排气阀关闭，气体被吸进来，完成进气过程；当活塞向上运动的时候，气缸容积减小，出气阀打开，进气阀关闭，完成压缩过程，实现气体输送。

四、实训装置和流程

（一）流程介绍

1. 常压流程

原料槽 V101 料液输送到高位槽 V102，有三种途径：由 P101 泵或 P102 泵单泵输送；P101 泵和 P102 泵串联输送；P101 泵和 P102 泵并联输送。高位槽 V102 内料液通过三根平行管（一根可测离心泵特性、一根可测直管阻力、一根可测局部阻力），进入吸收塔 T101 上部，与下部上升的气体充分接触后，从吸收塔底部排出，返回原料槽 V101 循环使用。空气由空气压缩机 C101 压缩、经过缓冲罐 V103 后，进入吸收塔 T101 下部，与液体充分接触后在顶部放空。流程如图 18-1 所示。

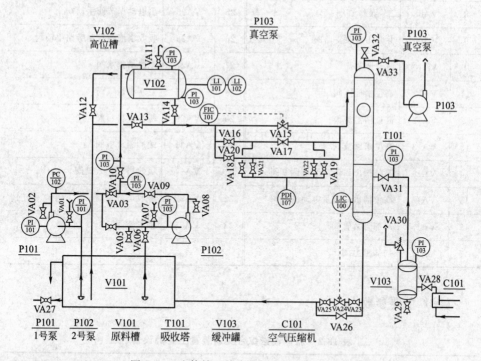

图 18-1　流体输送综合实训装置流程示意图

2. 真空流程

本装置配置了真空流程，主物料流程如常压流程。关闭 P101 泵和 P102 泵的灌泵阀，高位槽 V102、吸收塔 T101 的放空阀和进气阀，启动真空泵 P103，被抽出的系统物料气体由真空泵 P103 抽出放空。流程如图 18-1 所示。

(二) 流程示意图（表 18-1）

表 18-1 流体输送综合实训装置主要阀门一览表

序号	编号	名称	序号	编号	名称
1	VA01	1 号泵灌泵阀	18	VA18	局部阻力管高压引压阀
2	VA02	1 号泵排气阀	19	VA19	局部阻力管低压引压阀
3	VA03	并联 2 号泵支路阀	20	VA20	光滑管阀
4	VA04	双泵串联支路阀	21	VA21	光滑管高压引压阀
5	VA05	电磁阀故障点	22	VA22	光滑管低压引压阀
6	VA06	2 号泵进水阀	23	VA23	进电动调节阀手动阀
7	VA07	2 号泵灌泵阀	24	VA24	吸收塔液位控制电动调节阀
8	VA08	2 号泵排气阀	25	VA25	出电动调节阀手动阀
9	VA09	并联 1 号泵支路阀	26	VA26	吸收塔液位控制旁路手动阀
10	VA10	流量调节阀	27	VA27	原料槽排水阀
11	VA11	高位槽放空阀	28	VA28	空压机送气阀
12	VA12	高位槽溢流阀	29	VA29	缓冲罐排污阀
13	VA13	高位槽回流阀	30	VA30	缓冲罐放空阀
14	VA14	高位槽出口流量手动调节阀	31	VA31	吸收塔气体入口阀
15	VA15	高位槽出口流量电动调节阀	32	VA32	吸收塔放空阀
16	VA16	局部阻力管阀	33	VA33	抽真空阀
17	VA17	局部阻力阀			

(三) 主要参数

表 18-2 流体输送综合实训装置主要静设备

序号	编号	名称	规格	容积(估算)	材质	结构形式
1	T101	吸收塔	Φ325mm×1300mm	110L	304 不锈钢	立式
2	V102	高位槽	Φ426mm×700mm	100L	304 不锈钢	立式
3	V103	缓冲罐	Φ400mm×500mm	60L	304 不锈钢	立式
4	V101	原料槽	1000mm×600mm×500mm	3000L	304 不锈钢	立式

表 18-3　流体输送综合实训装置主要动设备

序号	编号	名称	规格型号	数量
1	P101	1号泵	离心泵，$P=0.5kW$，流量 $Q_{max}=6m^3/h$，$U=380V$	1
2	P102	2号泵	离心泵，$P=0.5kW$，流量 $Q_{max}=6m^3/h$，$U=380V$	1
3	P103	真空泵	旋片式，$P=0.37kW$，真空度 $P_{max}=-0.06kPa$，$U=220V$	1
4	C101	空气压缩机	往复空压机，$P=2.2kW$，流量 $Q_{max}=0.25m^3/min$，$U=220V$	1

压力控制：离心泵进口压力：$-15\sim-6kPa$；

　　　　　　1号泵单独运行时出口压力：$0.15\sim0.27MPa$（流量为 $0\sim6m^3/h$）；

　　　　　　两台泵串联时出口压力：$0.27\sim0.53MPa$（流量为 $0\sim6m^3/h$）；

　　　　　　两台泵并联时出口压力：$0.12\sim0.28MPa$（流量为 $0\sim7m^3/h$）。

压降范围：光滑管阻力压降：$0\sim7kPa$（流量为 $0\sim3m^3/h$）。

　　　　　　局部阻力管阻力压降：$0\sim22kPa$（流量为 $0\sim3m^3/h$）。

离心泵特性流体流量：$2\sim7m^3/h$。

阻力特性流体流量：$0\sim3m^3/h$。

液位控制：吸收塔液位 $1/3\sim1/2$。

五、实训操作

(一) 实训准备

1. 穿戴好实训防护物品，认真预习实训。

2. 详细检查实训的设备、管道、阀门、仪表、电气、照明、分析、保温等状态。

3. 检查外部供电系统，确保所有开关均处于关闭状态。

4. 依次开启外部供电系统总电源开关、控制柜上空气开关 33（QF1）、空气开关 10（QF2）、仪表电源开关 8。查看所有仪表是否上电，指示是否正常。

5. 将各阀门顺时针旋转操作到关的状态。检查孔板流量计正压阀和负压阀是否均处于开启状态（实训中保持开启）。

6. 加装实训用水。关闭原料水槽排水阀（VA25），原料水槽加水至浮球阀关闭，关闭自来水。

(二) 流体输送实验

1. 单泵实验（1号泵）

操作 1：开阀 VA03，开溢流阀 VA12，关阀 VA04、VA06、VA09、VA13、VA14，放空阀 VA11 适当打开，直至流体溢流回原料水槽，则完成单泵向高位槽输水任务。

操作 2：开阀 VA03，关溢流阀 VA12，关阀 VA04、VA06、VA09、VA11、VA13、VA16、VA17、VA18、VA19、VA20、VA21、VA22、VA31、VA33。放空阀 VA32 适当打开，打开阀 VA14、VA23、VA25（或适度打开旁路阀 VA26），直至吸收塔内液位达到要求高度，水从吸收塔底流回原料水槽，则完成单泵向吸收塔输水任务。

启动 1 号泵，开阀 VA10（泵启动前关闭，泵启动后根据要求开到适当开度），由阀 VA10 或电动调节阀 VA15 调节液体流量分别为 $2m^3/h$、$3m^3/h$、$4m^3/h$、$5m^3/h$、$6m^3/h$、$7m^3/h$。在仪表上或监控软件上观察离心泵特性数据。等待一定时间后（至少 5min），记录相关实验数据。

2. 泵并联操作实验

操作 1：开阀 VA03、VA06、VA09、VA12，关阀 VA04、VA13、VA14，放空阀 VA11 适当打开，直至流体溢流回原料水槽，则完成双泵并联向高位槽输水任务。

操作 2：开阀 VA03、VA06、VA09，关溢流阀 VA12，关阀 VA04、VA11、VA13、VA16、VA17、VA18、VA19、VA20、VA21、VA22、VA31、VA33。放空阀 VA32 适度打开，打开阀 VA14、VA23、VA25（或适度打开旁路阀 VA26），直至吸收塔内液位达到要求高度，水从吸收塔底流回原料水槽，则完成双泵并联向吸收塔输水的任务。

启动 1 号泵和启动 2 号泵，由阀 VA10（泵启动前关闭，泵启动后根据要求开到适当开度）或电动调节阀 VA15 调节液体流量分别为 $2m^3/h$、$3m^3/h$、$4m^3/h$、$5m^3/h$、$6m^3/h$、$7m^3/h$，在仪表上或监控软件上观察离心泵特性数据。等待一定时间后（至少 5min），记录相关实验数据。

3. 泵串联操作

操作 1：开阀 VA04、VA06、VA09、VA12，关阀 VA03、VA13、VA14，放空阀 VA11 适当打开，直至流体溢流回原料水槽，则完成双泵串联向高位槽输水任务。

操作 2：开阀 VA04、VA09、VA06，关溢流阀 VA12，关阀 VA03、VA11、VA13、VA16、VA17、VA18、VA19、VA20、VA21、VA22、VA31、VA33。放空阀 VA32 适度打开，打开阀 VA14、VA23、VA25（或适度打开旁路阀 VA26），直至吸收塔内液位达到要求高度，水从吸收塔底流回原料水槽，则完成双泵串联向吸收塔输水的任务。

启动 1 号泵和启动 2 号泵，由阀 VA10（泵启动前关闭，泵启动后根据要求开到适当开度）或电动调节阀 VA15 调节液体流量分别为 $2m^3/h$、$3m^3/h$、$4m^3/h$、$5m^3/h$、$6m^3/h$、$7m^3/h$，在仪表上或监控软件上观察离心泵特性数据。等待一定时间后（至少 5min），记录相关实验数据。

4. 泵的联锁投运实训

（1）切除联锁，启动 2 号泵至正常运行后，投运联锁。

（2）设定好 2 号泵进口压力报警下限值，逐步关小阀门 VA10，检查泵运转情况。

（3）当 2 号泵有异常声音产生、进口压力低于下限时，操作台发出报警，同时联锁起动：2 号泵自动跳闸停止运转，1 号泵自动启动。

（4）保证流体输送系统的正常稳定进行。

投运时，阀 VA03、VA06、VA09 必须打开，阀 VA04 必须关闭；当单泵无法启动时，应检查联锁是否处于投运状态。

5. 真空输送实训

在离心泵处于停车状态下进行。

（1）开阀 VA03、VA06、VA09、VA14。

（2）关阀 VA12、VA13、VA16、VA17、VA18、VA19、VA20、VA21、VA22、VA23、VA24、VA25、VA26，并在阀 VA31 处加盲板。

（3）开阀 VA32、VA33 适度后，再启动真空泵，用阀 VA32、VA33 调节吸收塔内真空度，并保持稳定。

（4）用电动调节阀 VA15 控制流体流量，使流体在吸收塔内均匀淋下。

（5）当吸收塔内液位达到 1/3～2/3 范围时，关闭电动调节阀 VA15，开阀 VA23、VA25，并通过电动调节阀 VA24 控制吸收塔内液位稳定。

6. 配比输送实训

以水和压缩空气作为配比介质，模仿实际的流体介质配比操作。以压缩空气的流量为主流量，以水作为配比流量。

（1）检查阀 VA31 处的盲板是否已抽除，阀 VA31 是否在关闭状态。

（2）开阀 VA03、VA32，关溢流阀 VA12，关阀 VA04、VA06、VA28、VA09、VA11、VA13、VA16、VA17、VA18、VA19、VA20、VA21、VA22、VA31、VA33。放空阀 VA32 适当打开，开阀 VA14、VA23、VA25（或适度打开旁路阀 VA26），液体从高位槽经吸收塔流入原料水槽。

（3）按上述步骤启动 1 号水泵，调节流量在 $4m^3/h$ 左右，并调节吸收塔液位在 1/3～2/3。

（4）启动空气压缩机，缓慢开启阀 VA28，观察缓冲罐压力上升速度，控制缓冲罐压力≤0.1MPa。

（5）当缓冲罐压力达到 0.05MPa 以上时，缓慢开启阀 VA31，向吸收塔送空气，并调节流量在 $8～10Nm^3/h$。

（6）根据配比需求，调节 VA32 的开度，观察流量大小。

可在装置仪表上设定配比值（1:2、1:1、1:3 等），并进行自动控制。

（三）管阻力实训

1. 光滑管阻力测定

在上述单泵操作的基础上进行如下操作。

（1）启动 1 号泵，开阀 VA03、VA14、VA20、VA21、VA22、VA23、VA25、VA26。

（2）关阀 VA04、VA06、VA09、VA13、VA16、VA17、VA18、VA19、VA15、VA31、VA33，阀 VA32 适度打开。

（3）用阀 VA10（泵启动前关闭，泵启动后根据要求开到适当开度）或电动调节阀 VA15 调节流量分别为 $1m^3/h$、$1.5m^3/h$、$2m^3/h$、$2.5m^3/h$、$3m^3/h$，记录光滑管阻力测定数据。

2. 局部阻力管阻力测定

操作状态切换。

（1）启动 1 号泵，开阀 VA03、VA14、VA16、VA18、VA19、VA23、VA25、VA26。

（2）关阀 VA04、VA06、VA09、VA13、VA20、VA21、VA22、VA15、VA31、VA33，阀 VA32 适度打开。

（3）用阀 VA10（泵启动前关闭，泵启动后根据要求开到适当开度）或电动调节阀 VA15 调节流量分别为 $1m^3/h$、$1.5m^3/h$、$2m^3/h$、$2.5m^3/h$、$3m^3/h$，记录局部阻力管阻力测定数据。

（四）故障模拟实训

在流体输送正常操作中，由实验教师给出隐蔽指令，通过不定时改变某些阀门、风机或泵的工作状态来干扰流体输送系统正常的工作状态，分别模拟出流体输送实际生产过程中的常见故障，学生根据各参数的变化情况、设备运行异常现象分析故障原因，找出故障并动手排出故障，以提高学生对工艺流程的认识度和实际动手能力。

（1）离心泵进口加水加不满。在流体输送正常操作中，教师给出隐蔽指令，改变离心泵的工作状态（如离心泵进口管漏水），学生通过观察离心泵启动时的变化情况，分析引起系统异常的原因并作处理，使系统恢复到正常操作状态。

（2）真空输送不成功。在流体输送正常操作中，教师给出隐蔽指令，改变真空输送的工作状态（如真空放空、真空保不住），学生通过观察吸收塔内压力（真空度）、液位等参数的变化情况，分析引起系统异常的原因并作处理，使系统恢复到正常操作状态。

（3）吸收塔压力异常。在流体输送正常操作中，教师给出隐蔽指令，改变空压机的工作状态（如空压机跳闸），学生通过观察吸收塔液位、压力等参数的变化情况，分析引起系统异常的原因并作处理，使系统恢复到正常操作状态。

（五）停车操作

1. 停车

（1）按操作步骤分别停止所有运转设备。

（2）打开阀 VA11、VA13、VA14、VA16、VA20、VA23、VA24、VA25、VA26、VA32，将高位槽 V102、吸收塔 T101 中的液体排空至原料水槽 V101。

（3）检查各设备、阀门状态，做好记录。

（4）关闭控制柜上各仪表开关。

（5）切断装置总电源。

（6）清理现场，做好设备、电气、仪表等防护工作。

2. 紧急停车

遇到下列情况之一者，应紧急停车处理。

（1）泵内发出异常的声响。

（2）泵突然发生剧烈振动。

（3）电机电流超过额定值并持续不降。

（4）泵突然不出水。

（5）空压机有异常的声音。

（6）真空泵有异常的声音。

六、实训数据记录表

表 18-4　流体输送综合实训操作报表（样表）

| 流体输送综合实训操作报表 | | | | | | | | | | | | | | | ___年___月___日 |
序号	时间 /min	高位槽液位 /mm	泵出口流量 /(L/h)	1号泵进口压力 /kPa	1号泵出口压力 /MPa	2号泵进口压力 /kPa	2号泵出口压力 /MPa	缓冲罐压力 /MPa	压缩空气流量 /(Nm³/h)	吸收塔压力 /MPa	进吸收塔流量 /(L/h)	吸收塔液位 /mm	光滑管阻力 /kPa	局部管阻力 /kPa	泵功率 /kW	泵转速 /(r/min)	操作记事

操作人：　　　　　　　　　　　　　　　指导老师：

七、实训报告要求

1. 根据工艺流程图讲述实训装置各部件的功能和操作注意事项。

2. 根据工艺流程图和现场设备实际画出设备布置图。

3. 详细记录实训数据，并将实训记录列表。

4. 按要求处理实训数据，写出处理办法及步骤，以及将实训数据处理结果列表。

5. 按要求提交实训报告。

◀ 实验 19　精馏操作实训 ▶

一、实训目标

1. 熟悉板式精馏塔的工作原理、基本结构及流程。

2. 了解精馏塔控制时需要检测及控制的参数、检测位置、检测传感器及控制方法。

3. 观察塔板上气-液传质过程全貌，掌握精馏塔的操作及影响因素，进行现场故障分析。

4. 能识读精馏岗位的工艺流程图、设备示意图、设备的平面图和设备布置图。

5. 了解掌握工业现场生产安全知识。

二、实训内容

1. 简要叙述精馏操作气-液相流程，指出精馏塔塔板、塔釜再沸器、塔顶全凝器等主要装置的作用。

2. 独立地进行精馏岗位开停车工艺操作，包括开车前的准备、电源的接通、冷却水量的控制、电源加热温度的控制等。

3. 进行全回流操作，通过观测仪表对全回流操作的稳定性作出正确的判断。

4. 进行部分回流操作，通过观测仪表对部分回流操作的稳定性作出正确的判断，按照生产要求达到规定的产量指标和质量指标。

5. 及时掌握设备的运行情况，随时发现、正确判断、及时处理各种异常现象，特殊情况能进行紧急停车操作。

6. 能掌握现代信息技术管理能力，采用 DCS 集散控制系统，应用计算机对现场数据进行采集、监控和处理异常现象。

7. 正确填写生产记录，及时分析各种数据。

三、基本原理

精馏利用液体混合物中各组分挥发度的差异，使液体混合物部分汽化并使蒸气部分冷凝，从而实现其所含组分的分离。精馏广泛应用于炼油、化工、轻工等领域。通过加热料液使它部分汽化，易挥发组分在蒸气中得到增浓，难挥发组分在剩余液中也得到增浓，这在一定程度上实现了两组分的分离。两组分的挥发能力相差越大，则上述的增浓程度也越大。在工业精馏设备中，使部分汽化的液相与部分冷凝的汽相直接接触，以进行气液相际传质，结果是汽相中的难挥发组分部分转入液相，液相中的易挥发组分部分转入汽相，也即同时实现了液相的部分汽化和汽相的部分冷凝。

四、实训装置及流程

（一）流程介绍

1. 常压精馏流程

原料槽 V703 内约 20％的水-乙醇混合液，经原料泵 P702 输送至原料加热器 E701，预热后，由精馏塔中部进入精馏塔 T701，进行分离。气相由塔顶馏出，经冷凝器 E702 冷却后，进入冷凝液槽 V705，经产品泵 P701，一部分送至精馏塔上部第一块塔板作回流；另一部分送至塔顶产品槽 V702 作为产品采出。塔釜残液经塔底换热器 E703 冷却后送残液槽 V701。

2. 真空精馏流程

本装置配置了真空流程，主物料流程与常压精馏流程相同，只是在原料槽 V703、冷凝液槽 V705、产品槽 V702、残液槽 V701 均设置抽真空阀。被抽出的系统物料气体经真空总管进入真空缓冲罐 V704，然后由真空泵 P703 抽出后放空。

（二）流程示意图

流程示意图见图 19-1 及表 19-1。

（三）主要参数

温度控制：

预热器出口温度（TICA712）75～85℃，高限报警 $H = 85℃$（具体根据原料的浓度来调整）；

再沸器温度（TICA714）80～100℃，高限报警 $H = 100℃$（具体根据原料的浓度来调整）；

塔顶温度（TIC703）78～80℃（具体根据产品的浓度来调整）。

流量控制：

冷凝器上冷却水流量；

进料流量：～10L/h；

回流流量由塔顶温度控制；

产品流量由冷凝液槽液位控制。

液位控制：

塔釜液位 0～600mm，高限报警 $H = 400mm$，低限报警 $L = 200mm$；

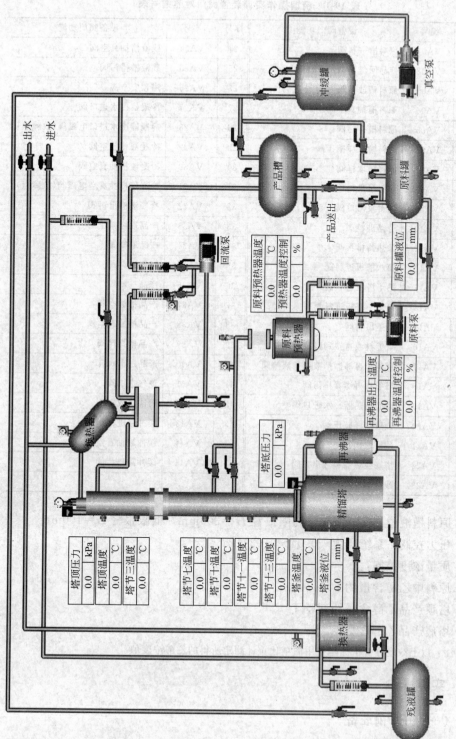

图 19-1　精馏操作实训装置流程示意图

表 19-1　精馏操作实训装置阀门对照编号表

序号	编号	设备阀门功能	序号	编号	设备阀门功能
1	VA01	原料槽进料阀	24	VA24	残液槽抽真空阀
2	VA02	产品回流阀	25	VA25	残液槽排污阀
3	VA03	原料槽放空阀	26	VA26	塔顶安全阀
4	VA04	原料槽抽真空阀	27	VA27	冷凝器冷水进口阀
5	VA05	原料槽排污阀	28	VA28	冷凝器冷水进口电磁阀（故障点）
6	VA06	原料槽取样减压阀	29	VA29	冷凝液槽放空阀
7	VA07	原料槽取样阀	30	VA30	冷凝液槽抽真空阀
8	VA08	原料泵进口阀	31	VA31	冷凝液槽抽真空电磁阀（故障点）
9	VA09	原料泵出口阀	32	VA32	冷凝液槽出料阀
10	VA10	旁路进料阀	33	VA33	产品取样减压阀
11	VA11	预热器排污阀	34	VA34	产品取样阀
12	VA12	第八塔板进料阀	35	VA35	回流进料阀
13	VA13	第十塔板进料阀	36	VA36	产品进料阀
14	VA14	第十一塔板进料阀	37	VA37	产品槽放空阀
15	VA15	塔釜出料阀	38	VA38	产品槽抽真空阀
16	VA16	塔釜料液直接到残液槽阀	39	VA39	产品槽排污阀
17	VA17	塔釜和再沸器排液到残液槽阀	40	VA40	产品送出阀
18	VA18	塔釜和再沸器排污阀	41	VA41	氮气进口阀
19	VA19	塔底换热器冷水进口阀	42	VA42	缓冲罐放空阀
20	VA20	残液取样减压阀	43	VA43	缓冲罐进气阀
21	VA21	残液取样阀	44	VA44	缓冲罐抽真空阀
22	VA22	塔底换热器液出口阀	45	VA45	缓冲罐排污阀
23	VA23	残液槽放空阀			

原料槽液位 0～400mm，高限报警 $H=300$mm，低限报警 $L=100$mm。

压力控制：系统压力－0.04～0.02MPa。

质量浓度控制：

原料中乙醇含量约 20%；

塔顶产品乙醇含量约 90%；

塔底产品乙醇含量 <5%。

注：以上浓度分析指标是指用酒精比重计测定所得的乙醇浓度值。

五、实训操作

（一）开车前准备

1. 由相关操作人员组成装置检查小组，对本装置所有设备、管道、阀门、仪表、电气、分析、保温等按工艺流程图要求和专业技术要求进行检查。

2. 检查所有仪表是否处于正常状态。

3. 检查所有设备是否处于正常状态。

4. 试电。

① 检查外部供电系统，确保控制柜上所有开关均处于关闭状态。

② 开启外部供电系统总电源开关。

③ 打开控制柜上空气开关 33（1QF）。

④ 打开装置仪表电源总开关（2QF），打开仪表电源开关 SA1，查看所有仪表是否上电，指示是否正常。

⑤ 将各阀门顺时针旋转操作到关的状态。

5. 准备原料，配制体积分数大约 20% 的乙醇溶液 60L，通过原料槽进料阀（VA01），加入到原料槽，到其容积的 1/2～2/3。取样分析原料组成。

6. 开启公用系统

将冷却水管进水总管和自来水龙头相连，冷却水出水总管接软管到下水道。

（二）开车

1. 常压精馏操作

（1）确认原料槽、原料加热器和再沸器排污阀（VA05、VA11、VA18）、再沸器至塔底换热器连接阀门（VA17）、塔釜出料阀（VA15）、冷凝液槽出口阀（VA32）、与真空系统的连接阀（VA04、VA24、VA30、VA37）为关闭状态。

（2）开启控制台、仪表盘电源。

（3）开启原料泵进出口阀门（VA08、VA09），精馏塔原料液进口阀（VA12、VA13、VA14）中的任一阀门（根据具体操作选择进料板位置，确认关闭其他两个进料管线上的相关阀门）。

（4）开启塔顶冷凝液槽放空阀（VA29）。

（5）确认关闭预热器和再沸器排污阀（VA13、VA15）、再沸器至塔底冷却器连接阀门（VA14）、塔顶冷凝液槽出口阀（VA29）。

（6）启动原料泵，通过旁路快速进料，当观察到原料加热器上的视盅中有一定的料液后，可缓慢开启原料加热器加热系统，同时继续向精馏塔塔釜内进料，调节好再沸器液位，并酌情停原料泵。

（7）启动精馏塔再沸器加热系统，系统缓慢升温，观察液体加热情况。当液体开始沸腾时，注意观察塔内气-液接触状况。当塔顶观测段出现蒸汽时，开启精馏塔塔顶冷凝器冷却水进水阀（VA27），调节好冷却水流量，关闭冷凝液槽放空阀（VA29）。

（8）当冷凝液槽液位达到 1/3 时，开冷凝液槽出料阀（VA32）和回流阀

（VA35），启动回流泵，系统进行全回流操作，控制冷凝液槽液位稳定，控制系统压力、温度稳定。当系统压力偏高时，可通过冷凝液槽放空阀（VA29）适当排放不凝性气体。

（9）当精馏塔塔顶气相温度稳定于 78～79℃时（或较长时间回流后，精馏塔塔节上部几点温度趋于相等，并接近酒精沸点温度，可视为系统全回流稳定）。

（10）待全回流稳定后，切换至部分回流操作，将原料罐—进料泵—进料口管线的阀全部打开，使进料管路通畅。开塔底换热器冷却水进口阀（VA19），根据塔釜温度，开塔釜残液出料阀（VA15）、产品进料阀（VA36）、塔底换热器料液出口阀（VA22）。

（11）当再沸器液位开始下降时，启动原料泵，控制加热器加热功率为额定功率的 50%～60%，原料液预热温度为 75～85℃，送精馏塔。

（12）调整精馏系统各工艺参数，稳定塔操作系统，及时做好操作记录。分析塔顶、塔釜产品含量，当塔顶产品酒精含量大于 90%，塔顶采出产品合格。

2. 减压精馏操作

（1）确认原料槽、原料加热器和再沸器排污阀（VA05、VA11、VA18）、再沸器至塔底冷凝器连接阀（VA17）、塔釜出料阀（VA15）、冷凝液槽出口阀（VA32）处于关闭状态。

（2）开启控制台、仪表盘电源。

（3）开启原料泵进、出口阀（VA08、VA09），精馏塔进料阀（根据操作，可选择阀 VA12、VA13、VA14 中的任一阀门，此阀在整个实训操作过程中禁止关闭）、冷凝液槽放空阀（VA29）。

（4）开启真空缓冲罐抽真空阀（VA44），确认关闭真空缓冲罐进气阀（VA43）、真空缓冲罐放空阀 VA42。

（5）启动真空泵，当真空缓冲罐压力达到 -0.06MPa 时，缓开真空缓冲罐进气阀（VA43）及开启各储槽的抽真空阀门（VA24、VA30、VA38、VA04、VA43）。当系统真空度达到 0.02～0.04MPa 时，关真空缓冲罐抽真空阀（VA44），停真空泵。系统真空度控制采用间歇启动真空泵的方式，当系统真空度高于 0.04MPa 时，停真空泵；当系统真空度低于 0.02MPa 时，启动真空泵。

（6）启动原料泵通过旁路快速进料，当观察到预热器上的视盅中有一定的料液后，可缓慢开启原料加热器加热系统，同时继续往精馏塔塔釜内加入原料液，调节好再沸器液位至其容积的 1/2～2/3，并酌情停原料泵。

（7）启动精馏塔再沸器加热系统（首先在 C3000A 上手动控制加热功率大小，待压力缓慢升高到实验值时，切换为自动调节），当塔顶温度上升至 50℃左右时，开启塔顶冷凝器冷却水进水阀（VA27），调节好冷却水流量，关闭冷凝液槽放空阀（VA29）。

（8）当冷凝液槽液位达到1/3～2/3时，开冷凝液槽出料阀（VA32）和回流阀（VA35），启动回流泵，系统进行全回流操作，控制冷凝液槽液位稳定，控制系统压力、温度稳定。当系统压力偏高时可通过调节真空泵抽气量适当排放不凝性气体。

（9）当精馏塔塔顶气相温度稳定（具体温度应根据系统真空度换算确定）时（或较长时间回流后，精馏塔塔节上部几点温度趋于相等，并接近酒精沸点温度，可视为系统全回流稳定），待全回流稳定后，切换至部分回流操作。

（10）开塔底换热器冷却水进口阀（VA19），根据塔釜温度，开塔釜残液出料阀（VA15）、产品进料阀（VA36）、塔底换热器料液出口阀（VA22）。

（11）当再沸器液位开始下降时，可启动原料泵，并控制预热器加热功率为额定功率的50%～60%，原料液预热温度为75～85℃后，送精馏塔。

（12）调整精馏系统各工艺参数，稳定塔操作系统，及时做好操作记录。取样分析塔顶产品中乙醇含量，当塔顶产品酒精含量大于90%，塔顶采出产品合格。

（三）停车操作

1. 常压精馏停车

（1）系统停止加料，原料预热器停止加热，关原料液泵进、出口阀（VA08、VA09），停原料泵。

（2）根据塔内物料情况，再沸器停止加热。

（3）当塔顶温度下降，无冷凝液馏出后，关闭塔顶冷凝器冷却水进水阀（VA19），停冷却水，停回流泵，关泵进、出口阀。

（4）当再沸器和预热器物料冷却后，开再沸器和预热器排污阀（VA11、VA18），放出预热器及再沸器内物料，开塔底冷凝器排污阀（VA17）、塔底产品槽排污阀，放出塔底冷凝器内物料、塔底产品槽内物料。

（5）关闭控制台、仪表盘电源。

（6）做好设备及现场的整理工作。

2. 减压精馏停车

（1）系统停止加料，停止原料预热器加热，关闭原料液泵进出、口阀（VA08、VA09），停原料泵。

（2）根据塔内物料情况，停止再沸器加热。

（3）当塔顶温度下降，无冷凝液馏出后，关闭塔顶冷凝器冷却水进水阀（VA27），停冷却水，停回流泵，关泵进、出口阀。

（4）当系统温度降到40℃左右，缓慢开启真空缓冲罐放空阀门（VA42），破除真空，然后开精馏系统各处放空阀（开阀门速度应缓慢），破除系统真空，系统回复至常压状态。

（5）当再沸器和预热器物料冷却后，开再沸器和预热器排污阀（VA11、VA18），放出预热器及再沸器内物料，开塔底冷凝器排污阀（VA17）、塔底产品槽排污阀，放出塔底冷凝器内物料、塔底产品槽内物料。

（6）关闭控制台、仪表盘电源。

（7）做好设备及现场的整理工作。

六、注意事项

（1）精馏塔系统采用自来水作试漏检验时，系统加水速度应缓慢，系统高点排气阀应打开，密切监视系统压力，严禁超压。

（2）再沸器内液位高度一定要超过100mm，才可以启动再沸器电加热器进行系统加热，严防干烧损坏设备。

（3）原料预热器启动时应保证液位满罐，严防干烧损坏设备。

（4）精馏塔釜加热应逐步增加加热电压，使塔釜温度缓慢上升，升温速度过快，宜造成塔视镜破裂，大量轻、重组分同时蒸发至塔釜内，延长塔系统达到平衡时间。

（5）精馏塔塔釜初始进料时进料速度不宜过快，防止塔系统进料速度过快、满塔。

（6）系统全回流时应控制回流流量和冷凝流量基本相等，保持回流液槽液位稳定，防止回流泵抽空。

（7）系统全回流流量控制在6~10L/h，保证塔系统气-液接触效果良好，塔内鼓泡明显。

（8）减压精馏时，系统真空度不宜过高，控制在0.02~0.04MPa，系统真空度控制采用间歇启动真空泵方式，当系统真空度高于0.04MPa时，停真空泵；当系统真空度低于0.02MPa时，启动真空泵。

（9）减压精馏采样为双阀采样，操作方法为：先开上端采样阀，当样液充满上端采样阀和下端采样阀间的管道时，关闭上端采样阀，开启下端采样阀，用量筒接取样液，采样后关下端采样阀。

（10）在系统进行连续精馏时，应保证进料流量和采出流量基本相等，各处流量计操作应互相配合，默契操作，保持整个精馏过程的操作稳定。

（11）塔顶冷凝器的冷却水流量应保持在100~120L/h，保证出冷凝器塔顶液相温度在30~40℃、塔底冷凝器产品出口保持在40~50℃。

七、实训数据记录表

（一）常压精馏

常压精馏实训数据记录表参见表19-2。

表 19-2　常压精馏实训数据记录表（样表）

序号	时间	进料系统				塔系统												冷凝系统				回流系统			残液系统		
		原料槽液位/mm	进料流量/(L/h)	预热器加热开度/%	进料温度/℃	塔釜液位/mm	再沸器加热开度/%	再沸器温度/℃	第三塔板温度/℃	第七塔板温度/℃	第十塔板温度/℃	第十一塔板温度/℃	第十三塔板温度/℃	塔釜蒸汽温度/℃	塔釜压力/kPa	塔顶压力/kPa	塔顶蒸汽温度/℃	冷凝液温度/℃	冷却水流量/(L/h)	冷却水出口温度/℃	塔顶温度/℃	回流温度/℃	回流流量/(L/h)	产品流量/(L/h)	残液流量/(L/h)	冷却水流量/(L/h)	阀V16开闭
1																											
2																											
3																											
4																											
5																											
6																											
7																											
8																											
9																											
10																											

操作记事

异常现象记录

操作人：

指导老师：

缓冲罐压力：

表 19-3　减压精馏实训数据记录表（样表）

序号 时间	进料系统				塔系统										冷凝系统			回流系统				残液系统		
	原料槽液位 /mm	进料流量 /(L/h)	预热器加热开度 /%	进料温度 /℃	塔釜液位 /mm	再沸器加热开度 /%	第三塔板温度 /℃	第七塔板温度 /℃	第十塔板温度 /℃	第十一塔板温度 /℃	第十三塔板蒸汽温度 /℃	塔釜压力 /kPa	塔顶压力 /kPa	塔顶蒸汽温度 /℃	冷凝液温度 /℃	冷却水流量 /(L/h)	冷却水出口温度 /℃	塔顶温度 /℃	回流温度 /(L/h)	回流流量 /(L/h)	产品流量 /(L/h)	残液流量 /(L/h)	冷却水流量 /(L/h)	阀V16开闭
1																								
2																								
3																								
4																								
5																								
6																								
7																								
8																								
9																								
10																								

操作记事

异常现象记录

操作人：　　　　　　　　　　　　　　　　指导老师：

（二）减压精馏

减压精馏实训数据记录表参见表 19-3。

八、实训报告要求

1. 简单叙述开停车过程、操作过程中遇到的问题及相应的处理措施。
2. 整理、完成实训数据记录表。
3. 绘制 PID 图（要求 A3 图纸）。
4. 绘制装置平面布置图（要求 A3 图纸）。

九、思考题

1. 为什么必须开启进料泵后才能开启预热器加热？
2. 在开启再沸器加热电源之前，为什么必须打开回流罐放空阀？
3. 实验过程中冷凝器放空阀为什么要关闭？

附　录

本实验中相关仪器说明见表 19-4。

表 19-4　仪表说明

C3000 仪表(A)					
输入通道					

通道序号	通道显示	位号	单位	信号类型	量程/mV
第一通道	—	—	—	—	—
第二通道	再沸器出口温度	TIC711	℃	4～20mA	0～120
第三通道	预热器出口温度	TIC702	℃	4～20mA	0～120
第四通道	精馏塔塔釜压力	PI701	kPa	4～20mA	−100～35
第五通道	精馏塔塔顶压力	PI702	kPa	4～20mA	−100～35
第六通道	精馏塔塔釜液位	LI701	mm	4～20mA	0～600
第七通道	原料槽液位	LI702	mm	4～20mA	0～400

输出通道

通道序号	通道显示	位号	信号类型	量程/mV
第一通道	再沸器加热控制	TICV01	4～20mA	0～100
第二通道	原料预加热控制	TICV02	4～20mA	0～100

报警通道

通道序号	通道显示	报警值	开关量通道
第二通道	再沸器出口温度高报	100℃	R01
第三通道	预热器出口温度高报	80℃	R02
第六通道	精馏塔塔釜液位高报	400mm	R03
	精馏塔塔釜液位低报	100mm	R04
第七通道	原料槽液位高报	300mm	R05
	原料槽液位低报	100mm	R06

C3000 仪表（B）

输入通道

通道序号	通道显示	位号	单位	信号类型	量程/mV
第一通道	精馏塔塔顶温度	TI704	℃	4～20mA	0～120
第二通道	精馏塔第三塔板温度	TI705	℃	4～20mA	0～120
第三通道	精馏塔第七塔板温度	TI706	℃	4～20mA	0～120
第四通道	精馏塔第十塔板温度	TI707	℃	4～20mA	0～120
第五通道	精馏塔第十一塔板温度	TI708	℃	4～20mA	0～120
第六通道	精馏塔第十四塔板温度	TI709	℃	4～20mA	0～120
第七通道	塔釜气相温度	TI710	℃	4～20mA	0～120

注：出厂前参数已设定好，无需进行重新设定。

实验 20　高分子化工产品生产加工实训

一、实训目标

1. 理解双螺杆挤出机的基本工作原理。
2. 学习挤出机的操作方法。
3. 了解高分子化工产品聚烯烃的挤出加工的基本程序和参数设置原理。

二、实训内容

将聚乙烯、聚丙烯等原料与助剂在捏合机中混合，然后在挤出机中进行挤出并制得产品，是生产塑料制品的重要工艺过程。本实验使用双螺杆挤出机对不同的聚烯烃进行挤出，分别设置不同的挤出温度和螺杆转数，考察不同聚烯烃的挤出加工性能和力学性能，通过挤出物料并造粒，得到成品。如果将挤出机造粒的机头换为其他类型机头，亦可用于生产诸如薄膜、纤维和管材等各种高分子产品。

三、基本原理

在塑料制品的生产过程中，自聚合反应至成型加工前，一般都要经过一个配料混炼环节，以达到改善其使用性能或降低成本等目的。比如色母料的生产、填料的加入和增强、增韧、阻燃性能的改性塑料生产。传统方法是用开炼机和密炼机，但是效率低下，不能满足生产提高的需要，随后便产生了单螺杆挤出机，继而发展了双螺杆挤出机。双螺杆挤出机塑化能力强，挤出效率高，耗能低，混炼效果好，具有自清洁能力，吸引了塑料行业的注意并取得了迅速发展。另外挤出机也是塑料生产应用最广泛的机器，使用不同的机头可以挤出不同的产品，如型材、片材、管材和挤出吹膜等。因而挤出机在塑料加工行业有其他机器无法替代的重要性。

双螺杆挤出机组的结构包括传动部分、挤压部分、加热冷却系统、电气与控制系统及机架等。由于双螺杆挤出机物料输送原理和单螺杆挤出机不同，通常还有定量加料装置。鉴于同向双螺杆挤出机在塑料的填充、增强和共混改性方面的应用，为适应所加物料的特点及操作的需要，通常在料筒上都设有排气口及一个以上的侧加料口，同时把螺杆上承担输送、塑化、混合和混炼功能的螺纹制成可根据需要任意组合的块状元件，像糖葫芦一样套装在芯轴上，称为积木组合式螺杆，其整机也称为同向旋转积木组合式双螺杆挤出机。

表征螺杆结构特征的最基本的参数如下：直径、长径比、压缩比、螺距、螺槽深度、螺旋角、螺杆和料筒的间隙等（图 20-1）。最常见的螺杆外径 D 为 45～150mm。螺杆直径增大、加工能力提高，挤出机的生产率与螺杆直径 D 的平方成正比。

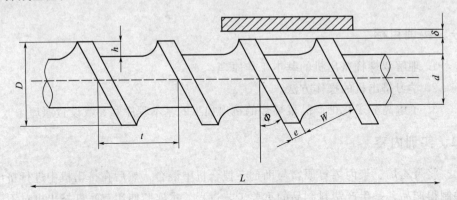

图 20-1　螺杆的结构参数

D—螺杆外径；t—螺距；L—螺杆长度；Φ—螺旋角；W—螺槽宽度；
h—螺槽深度；e—螺纹宽度；d—螺杆根径；δ—间隙

（一）长径比

长径比（螺杆工作部分有效长度与直径之比，表示为 L/D）通常为 18～25。L/D 大，能改善物料温度分布，有利于塑料的混合和塑化，并能减少漏流和逆流。提高挤出机的生产能力，L/D 大的螺杆适应性较强，能用于多种塑料的挤出。

但 L/D 过大时，会使塑料受热时间增长而降解，同时因螺杆自重增加，自由端挠曲下垂，容易引起料筒与螺杆间擦伤，并使制造加工困难；增大了挤出机的功率消耗。

过短的螺杆，容易引起混炼的塑化不良。

（二）压缩比

压缩比是螺杆加料段最初一个螺槽容积与均化段最后一个螺槽容积之比，表示塑料通过螺杆全长范围时被压缩的倍数。压缩比愈大，塑料受到的挤压作用愈大。

（三）螺槽深度

螺槽浅时，能对塑料产生较高的剪切速率，有利于料筒壁和物料间的传热，物料混合和塑化的效率提高，但生产率则降低；反之，螺槽深时，则情况刚好相反。因此热敏性塑料（如聚氯乙烯）宜用神螺槽螺杆；而熔体黏度低和热稳定性较高的塑料（如聚酰胺等），宜用浅螺槽螺杆。

（四）螺旋角

螺旋角是螺纹与螺杆横断面的夹角，随螺旋角增大，挤出机的生产能力提高，但对塑料产生的剪切作用和挤压力减小，通常螺旋角介于 $0°\sim10°$。

（五）间隙

料筒内径与螺杆直径差的一半称间隙 δ，它能影响挤出机的生产能力。随 δ 的增大，生产率降低。通常控制 δ 在 0.1～0.6mm 左右为宜。δ 较小，物料受到的剪切作用较大，有利于塑化。但 δ 过小，强烈的剪切作用容易引起物料出现热机械降解，同时易使螺杆被抱住或与料筒壁摩擦，而且，δ 太小时，物料的漏流和逆流几乎没有，在一定程度上影响熔体的混合。

物料沿螺杆前移时，经历着温度、压力、黏度等的变化，这种变化在螺杆全长范围内是不相同的，根据物料的变化特征可将螺杆分为加（送）料段、压缩段和均化段（图 20-2）。

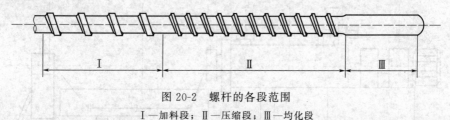

图 20-2 螺杆的各段范围
Ⅰ—加料段；Ⅱ—压缩段；Ⅲ—均化段

加料段的作用是将料斗供给的料送往压缩段，塑料在移动过程中一般保持固体状态，由于受热而部分熔化。加料段的长度随塑料种类不同而改变。

大体说，挤出结晶聚合物最长，硬性无定形聚合物次之，软性无定形聚合物最短。由于加料段不一定要产生压缩作用，故其螺槽容积可以保持不变，螺旋角的大小对本段送料能力影响较大，实际影响着挤出机的生产率。通常粉状物料的螺旋角为 30° 左右时生产率最高，方块状物料螺旋角宜选择 15° 左右，球形物料宜选择 17° 左右。

压缩段（迁移段）的作用是压实物料，使物料由固体转化为熔融体，并排除物料中的空气；为适应将物料中气体推回至加料段、压实物料和物料熔化时体积减小的特点，本段螺杆应对塑料产生较大的剪切作用和压缩。为此，通常是使螺槽容积逐渐缩减，缩减的程度由塑料的压缩率决定。压缩比除与塑料的压缩率有关，另外还与塑料的形态有关，粉料比重小，夹带的空气多，需较大的压缩比（可达 4～5），而粒料的压缩比仅 2.5～3。

压缩段的长度主要和塑料的熔点等性能有关。熔化温度范围宽的塑料，如聚氯乙烯150℃以上开始熔化，压缩段最长，可达螺杆全长100%（渐变型），熔化温度范围窄的聚乙烯（低密度聚乙烯105～120℃，高密度聚乙烯125～135℃）等，压缩段为螺杆全长的45%～50%；熔化温度范围很窄的大多数聚合物如聚酰胺等，压缩段甚至只有一个螺距的长度。

均化段（计量段）的作用是将熔融物料，定容（定量）定压地送入机头使其在口模中成型。均化段的螺槽容积与加料段一样恒定不变。为避免物料因滞留在螺杆头端面死角处，引起分解，螺杆头部常设计成锥形或半圆形；有些螺杆的均化段是一表面完全平滑的杆体，称为鱼雷头，但也有刻上凹槽或铣刻成花纹的。鱼雷头具有搅拌和节制物料、消除流动时脉动（脉冲）现象的作用，并随增大物料的压力，降低料层厚度，改善加热状况，且能进一步提高螺杆塑化效率。本段可为螺杆全长20%～25%。

四、实训装置与主要技术数据

（一）实训装置（图20-3）

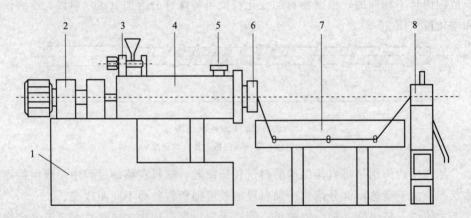

图20-3　同向双螺杆挤出机组的实训装置示意图

1—机座；2—动力部分；3—加料装置；4—机筒；
5—排气口；6—机头；7—冷却装置；8—切粒装置

（二）装置各段结构及功能

挤出机的结构包括以下几个部分。

1. 传动部分

传动部分就是带动螺杆转动的部分，它通常由电动机、减速箱和轴承等组成，在挤出过程中，要求螺杆在一定的转速范围内运转，转速稳定，不随螺杆负荷的变化而变化，以保证制品的质量均匀一致。为此，传动部分一般采用交流整流电动机、直流电动机等装置。

2. 加料部分

加料部分一般由传动部分、料斗、料筒、螺杆等组成。料斗底部有截断装置，以便调整和切断料流，电机的转速由专门的仪表来控制，可通过控制电机的转速来实现定量供料。

3. 机筒

由于塑料在机筒内经受高温高压，因此机筒的功能主要是起到承压加热室的作用。机筒外部附有加热设备和温度自控装置及冷却系统（如风冷）。

4. 螺杆

螺杆是挤出机的核心部件，通过螺杆的转动产生对塑料的挤压作用，塑料在机筒内能产生移动、增压和从摩擦中取得部分热量，使得塑料在移动中得到混合和塑化，黏流态的塑料熔体在被压实而流经模口时，取得所需的形状，再通过冷却水槽而定型。双螺杆挤出机的种类很多，从不同角度可分为同向旋转型和异向旋转型；啮合型与非啮合型等。挤出机的规格通常用螺杆直径表示，螺杆的直径 D 通常为 $30 \sim 200mm$，螺杆直径增大，加工性提高，所以挤出机的生产率与螺杆直径的平方成正比。长径比（L/D）大能改善物料的温度分配，有利于塑料的混合和塑化。

5. 机头和模口

通常机头和模口是一整体设备，机头的作用是将处于旋转运动的塑料熔体变为向模口方向的平行直线运动，并将熔体均匀平稳地导向模口。模口为具有一定截面形状的通道，塑料熔体在模口中流动时取得所需形状并被模口外的定型装置和冷却系统冷却固化而成型。

6. 排气装置及其机理

排气部分由排料口和抽真空系统组成。

（三）主要技术数据

参见表 20-1。

五、实训操作

（一）实训前准备工作

1. 依照相关资料了解所使用材料（PE 或 PP）的熔点和流动特性，设定挤出温度。

2. 将所加工材料用电热干燥。

3. 检查料斗确认无异物。

4. 检查冷凝水连接是否正常。

5. 检查润滑油是否足量。

表 20-1　国内生产厂生产的部分挤出机基本参数

螺杆直径 D/mm	长径比 L/D	螺杆最高转数/(r/min)	最高产量/(kg/h)	电动机功率 P/kW	机筒加热段数
20	20	120	3.2	1.1	3
	25	160	4.4	1.5	3
	30	210	6.5	2.2	3
30	20~25	160	16	5.5	3
	28~30	200	22	7.5	4
45	20~25	130	38	13	3
	28~30	155	50	17	4
65	20~25	120	90	30	4
	28~30	145	117	40	4
90	20~25	130	150	50	4
	28~30	120	200	60	5
120	20~25	90	250	75	5
	28~30	100	320	100	6
150	20~25	65	400	125	6
	28~30	75	500	160	7
200	20~25	50	600	200	7
	28~30	60	780	250	8

（二）实训过程

1. 开启总电源，按照工艺要求设定各加热段温度（温度的设定根据原料的种类不同来进行设定）。

2. 等温度达到设定温度，用手旋转联轴器看螺杆是否转动灵活。

3. 往冷却水槽通水。

4. 开启润滑电机开关。

5. 开启切粒装置及风刀。

6. 启动主电机，将变频调速器开关转至"on"位置，按向上箭头调节主电机转速到设定速度。

7. 开启喂料电机，并调整至合适转速。

8. 往料斗中加入聚烯烃。

9. 等聚烯烃物料从机头挤出长条后，牵引使之通过冷却水槽，然后引至风干系统风干后切粒。

（三）停机

1. 将加料电机转速降为 0，然后关闭加料电机。

2. 主机空转 1～2min，熔体压力较低后，停主电机。

3. 停止润滑后关闭切粒装置和总电源。

六、注意事项

1. 开启主电机前要保证润滑电机启动。

2. 停机时要将主电机和喂料电机调速环降低到零位。

3. 如有异常可紧急停机，然后查明故障原因。

七、实训记录

1. 采用低密度聚乙烯和一定量的加工助剂进行挤出，记录螺杆转速分别为 30r/min、60r/min、90r/min、120r/min 时，每 30min 可以挤出成品的质量。

2. 记录不同加工温度时（170℃、180℃、190℃、200℃），挤出的成品在外观上的差别。

3. 采用聚丙烯和一定量的加工助剂进行挤出，记录螺杆转速分别为 50r/min、70r/min、90r/min、110r/min 时，每 30min 可以挤出成品的质量。

4. 记录不同加工温度时（180℃、190℃、200℃、210℃），挤出的成品在外观上的差别。

5. 选取合适的成品进行层压或注塑成型，成型后裁成标准样条并对其力学性能进行测试。

八、实训报告要求

1. 论述实训原理和操作步骤。

2. 对实训数据进行记录并进行整理。

3. 对实训数据进行合理分析。

4. 对实训现象和结果进行讨论。

5. 完成实训中的思考题。

九、思考题

1. 转速对挤出产品性能有何影响？

2. 简述螺杆不同区段中，物料的运动特点？

3. 不同区段料筒温度应该如何控制？为什么机头的温度要稍低于料筒的温度？

4. 为什么挤出机挤出物料时，物料刚从模口被挤出时，为无色透明的，而经过冷却水冷却后变为白色不透明的产品？

5. 牵引过程中应注意哪些问题？

6. 聚乙烯和聚丙烯在挤出加工性能上有何差别？在力学性能上有何差别？

实验 21 尿素工厂仿真生产实训

一、实训目标

1. 掌握二氧化碳汽提合成尿素的反应原理和工艺流程。

2. 熟悉主要设备的结构及其性能，掌握各类测量仪表的原理和用途，熟悉各工段的操作参数与技术指标。

3. 掌握化工过程中的阀门、泵、塔器、换热器等设备的基本操作技能。

4. 掌握尿素装置的正常开停车与紧急停车的操作程序，了解高压合成系统常见故障及其处理方法。

5. 熟悉尿素装置 DCS 基本操作，了解 PID 在线整定方法。

二、实训内容

1. 对照流程图，熟悉所有仪表、设备和管道的位号、功能及安装位置。

2. 对照流程图，掌握 DCS 控制台上所有控制点的操作方法。

3. 小组合作完成全厂原始开车，要求所有控制指标在规定范围内且系统稳定运行。

4. 小组合作完成各工段临时停车和开车，全厂正常停车和紧急停车。

5. 了解 PID 自动控制参数的整定方法。

三、基本原理

尿素生产工艺流程，基本由 7 个工艺单元组成，即原料二氧化碳、氨的压缩，尿素的高压合成，含尿素溶液的分离过程，未反应氨和二氧化碳的循环回收，尿素溶液的浓缩，造粒与产品输送，工艺冷凝液处理。其生产基本流程如图 21-1 所示。

（一）尿素合成

一般认为合成尿素（Ur）分两步进行：第一步由氨与二氧化碳生成中间产物甲铵，其反应式为：

$$2NH_3(l) + CO_2(g) \Longleftrightarrow NH_2COONH_4(l) + 100kJ/mol$$

第二步由甲铵脱水生成尿素，为合成尿素过程中的控制反应，其反应式为：

$$NH_2COONH_4(l) \Longleftrightarrow CO(NH_2)_2(l) + H_2O(l) - 27.5kJ/mol$$

使甲铵液处于液相状态的条件：温度必须高于其熔点 154℃；压力必须高于

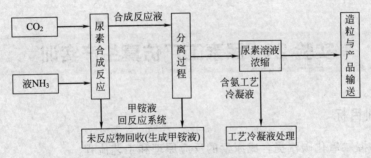

图 21-1 尿素生产基本流程

其平衡压力 8.0MPa。

在尿素生产过程中，还同时伴随着以下副反应。

缩二脲生成反应：$2(NH_2)_2CO \rightleftharpoons NH_2CONHCONH_2 + NH_3 + Q_1$

尿素的水解反应：$(NH_2)_2CO + 2H_2O \rightleftharpoons 2NH_3 + CO_2 + H_2O - Q_2$

尿素的分解反应：$(NH_2)_2CO \rightleftharpoons NH_3 + HCNO - Q_3$

由于尿素的生产都采用过剩氨，因此用二氧化碳转化率来表示尿素的产率。该转化率随反应温度升高而逐渐增大，在温度为 190～200℃ 之间出现一个最高值，而后二氧化碳平衡转化率随着反应温度的上升而下降，因为甲铵脱水生成尿素的反应是合成尿素过程的控制反应，此反应吸热，因而提高反应温度对生成尿素有利，但二氧化碳平衡转化率在 190～200℃ 后随着反应温度的升高而降低的原因，可能是由于产生副反应的缘故。在水碳比一定时，N/C 越高，CO_2 转化率越高：当 $N/C = 2$ 时二氧化碳转化率为 40%，$N/C = 3$ 时转化率为 54%，$N/C = 4$ 时转化率为 67.5%。水碳比的增高，将使二氧化碳平衡转化率下降。在尿素生成过程中，水碳比每增加 0.1，二氧化碳转化率则降低 1%。在合成尿素的过程中，压力不是一个独立的变数，它依据温度、氨碳比及水碳比而定。

（二）汽提

$$2NH_3(l) + CO_2(l) \rightleftharpoons NH_2COONH_4(l)$$

平衡常数 $K_c(l) = \dfrac{[NH_2COONH_4](l)}{[2NH_3]^2(l) \times [CO_2](l)}$

溶液中氨和二氧化碳与气相中的氨和二氧化碳处于平衡。由上述各式可知，当用二氧化碳为汽提剂时，气相中的氨分压减少，则液相中氨的平衡分压大于实际气流中的氨分压，故液相中的氨不断汽化逸出，液相中 $[NH_3](l)$ 降低，反应向着甲铵分解成氨和二氧化碳的方向进行。这就促使了液相中甲铵的分解，从而实现汽提过程。

以氨或变换气等为汽提剂时其原理与上述相同。从理论上讲，在任何压力和温度范围内，用汽提的方法都可以把溶液中未反应的甲铵完全分解。但在工业上，由于要求过程在一定的速度下进行，因此必须保持足够高的温度。

（三）低压分解

汽提塔中未分解的甲铵在低压系统中被气体加热后进一步分解和气化成氨和二氧化碳。

分解温度的影响：低压分解温度越高，低压甲铵分解率与总氨蒸出率也越大，液相中残余的 CO_2 与 NH_3 含量越少。

分解压力的影响：分解压力愈低，总氨蒸出率越高，甲铵分解率也升高，液相中残余氨和 CO_2 就越少。

低压分解压力不变时，温度低，分解后分解液中 NH_3/Ur 和 CO_2/Ur 高，分解液中含游离氨和甲铵多，进入蒸发条件后游离氨与甲铵的蒸馏和分解大量吸热，蒸发的热负荷增加，蒸发加热器的蒸汽量增大。如果蒸汽供应不足，则蒸发尿液温度提不起来，使蒸发表面冷凝器的冷凝负荷增加，冷却水增大，且蒸发真空度提不起来。进入造粒室的尿素溶液浓度过低，这样容易导致成品水分高，所以分解温度低，不但增加生产中氨耗，同时影响产品质量。

系统大减量后精馏塔负荷轻，出液温度高，分解后分解液中甲铵和游离氨虽然少，但是进入蒸发的尿液中缩二脲含量高，尿素的水解增加，影响产品质量，影响氨耗。低压分解后尿液中一般要求缩二脲含量在 $0.4\%\sim0.5\%$ 以下。因此高压圈减量生产后，应及时调节精馏塔温度。

根据上述两点，低压分解温度应控制在最佳状态，正常温度一般在 140℃ 以下。

（四）蒸发

尽管液体气化所需的热量随气化温度的降低而增加，消耗的加热蒸汽较常压下略有增加，但是因为在真空下进行蒸发浓缩，对降低缩二脲生成、减少尿素水解损失有利，所以仍然选择低真空蒸发。蒸汽喷射泵构造简单，操作方便，结构紧凑，无运动部分，适于室外操作，抽真空的效率明显高于往复泵及水环泵，所以尿素装置常采用蒸汽喷射泵。

（五）吸收与解吸

吸收与解吸均是利用在不同温度和压力下，氨与二氧化碳在水中的溶解度不同进行分离的。

尿素生产的尾气在含较高浓度的氨和二氧化碳时不能直接排放，必须使用吸收操作将氨和二氧化碳从惰性气体中分离出来。本系统中分别在低压洗涤器、中压洗涤器和常压洗涤器中使用含较低浓度碳铵的洗涤液在较高压力和较低温度下进行吸收。

解吸是在解吸塔中升温将碳铵液槽中的氨与二氧化碳用蒸汽蒸出来后，进入回流冷凝器冷凝，浓度升高的回流液返回低压吸收系统。将氨和二氧化碳从水中分离出来可以达到降低原料消耗，减少废水排放的目的。

（六）尿素水解

在一定条件下，尿素和水作用最终生成氨和二氧化碳的反应称为尿素的水解。尿素水解率的高低与温度、尿素溶液中氨浓度、停留时间等因素有关。尿素溶液温度低于 80℃ 时水解很慢，高于 80℃ 时水解速度加快，在 145℃ 以上有剧增趋势。尿素溶液中的游离氨抑制尿素水解的进行，因而，尿素中游离氨含量高的场合，水解速率低。

四、实训装置及流程

尽管各类尿素生产的基本过程相似，但在具体的流程、工艺条件、设备结构等方面，不同工艺存在一定的差异。但不论是哪种工艺流程，生产过程中主要原料的消耗基本上是相同的，其流程的先进与否主要表现在公用过程即水、电、汽的消耗上。尿素生产流程的改进过程，实质就是公用工程消耗降低的过程。

下面详述各主要单元的工艺流程，流程图参见图 21-2～图 21-5。

（一）CO_2 气体压缩

从界区外送来的 CO_2 气体进入 CO_2 压缩机。CO_2 压缩机是由汽轮机作动力驱动的五段离心式压缩机。在压缩机各进出口设有若干压力监测点，以便于监视压缩机的运行状况，压缩机的负荷是通过改变汽轮机的转速来控制的。

压缩机五段出口压力为 13.5MPa。在压缩机进口加入一定量的 O_2（空气中的氧气），维持一定的游离氧以保护钝化膜，还可以催化氧化脱除原料 CO_2 中所含的 H_2。

（二）NH_3 的加压

从界区外送来的液氨引入高压氨泵，液氨在泵内加压至 13.5MPa 左右。液氨的流量根据系统的负荷，通过控制氨泵的转速来调节。加压后的液氨经高压喷射器与来自高压洗涤器中的甲铵液，一起由顶部进入高压甲铵冷凝器。

（三）高压合成与汽提

合成塔、汽提塔、高压甲铵冷凝器和高压洗涤器这四个设备组成高压圈，这是二氧化碳汽提法的核心部分，这四个设备的操作条件需统一考虑，以期达到尿素的最大产率和热量的最大回收，并副产蒸汽的目的。

从高压甲铵冷凝器底部导出的液体甲铵和少量未冷凝的氨和二氧化碳，送入合成塔底，液相加气相物料总 NH_3/CO_2（摩尔比）约为 2.9，温度为 165～172℃。

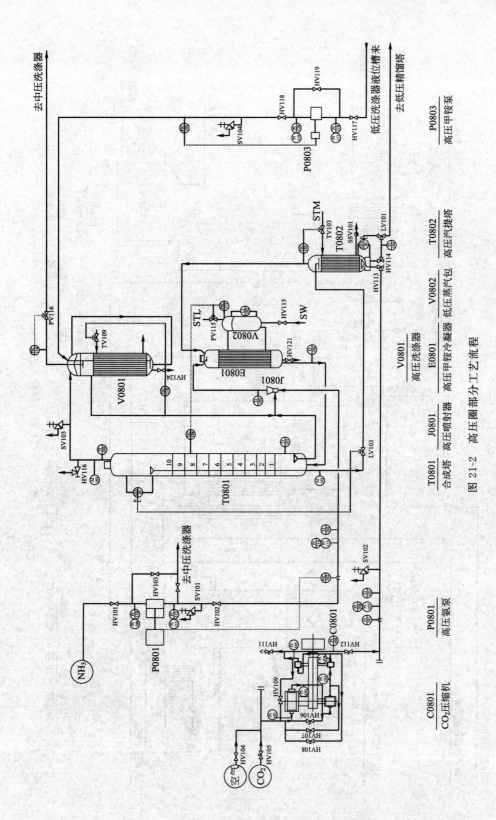

图 21-2　高压圈部分工艺流程

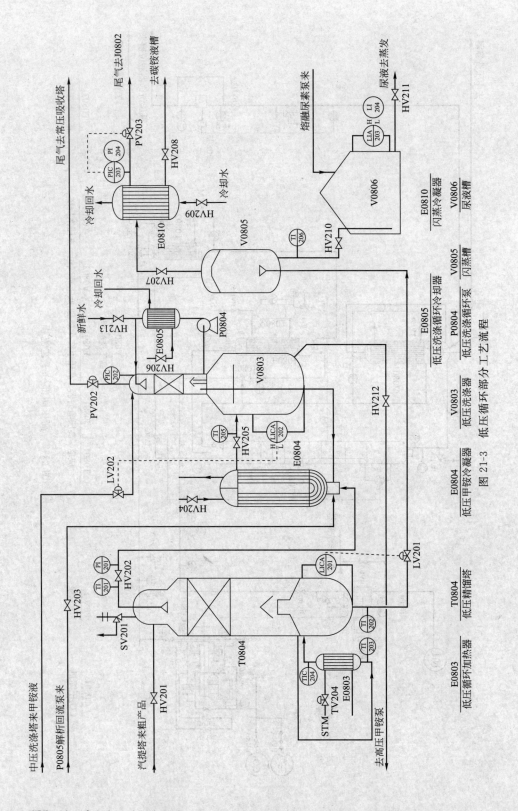

图 21-3　低压循环部分工艺流程

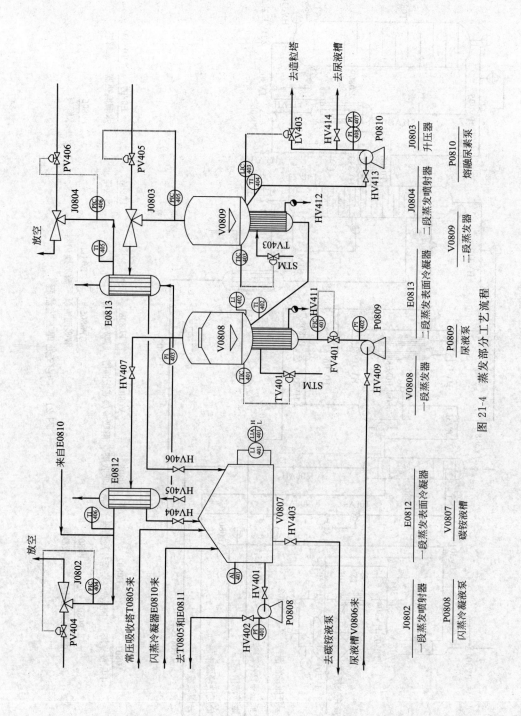

图 21-4 蒸发部分工艺流程

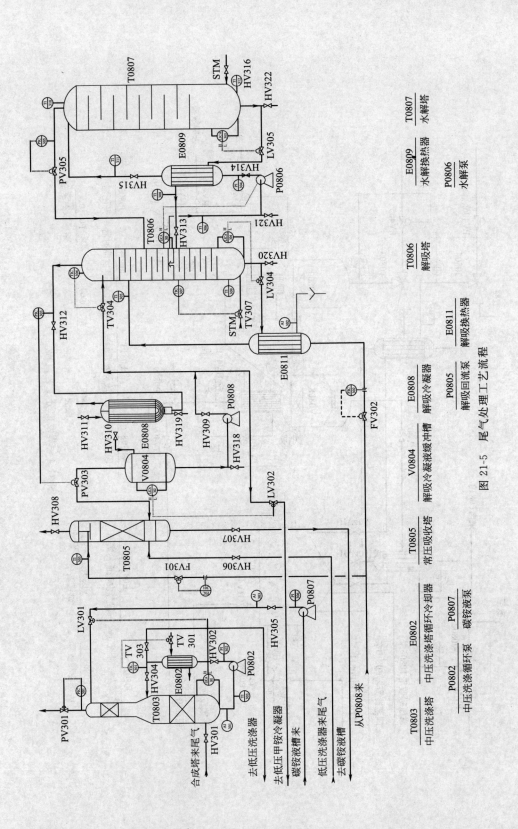

图 21-5 尾气处理工艺流程

T0803	E0802	T0805	V0804
中压洗涤塔	中压洗涤塔循环冷却器	常压吸收塔	解吸冷凝液缓冲槽

P0802	P0807	E0808	P0805
中压洗涤循环泵	碳铵液泵	解吸冷凝器	解吸回流泵

	T0806	E0809	T0807
E0811	解吸塔	水解换热器	水解塔
解吸换热器			

	P0806	
	水解泵	

合成塔来尾气

去低压甲铵冷凝器

碳铵液槽来

低压洗涤器来尾气

去碳铵液槽

从P0808来

合成塔内设有筛板，形成类似几个串联的反应器，塔板的作用是防止物料在塔内返混。物料从塔底升到塔顶，设计停留时间约 1h。二氧化碳转化率可达约 60%，相当于平衡转化率的 90% 以上。

尿素合成反应液从塔内上升到正常液位，温度上升到 180～185℃，经过溢流管从塔下出口排出，经过液位控制阀进入汽提塔上部，再经塔内液体分配器均匀地分配到每根气体管中。液体沿管壁成液膜下降，分配器液位高低起着自动调节各管内流量的作用。液体的均匀分配，以及在内壁成膜都是非常重要的，否则汽提管将遭到腐蚀。由塔下部导入的二氧化碳气体，在管内与合成反应液逆流相遇。管间以蒸汽加热，合成反应液中过剩氨及未转化的甲铵将被气体蒸出和分解，并从塔顶排出，尿液及少量未分解的甲铵从塔底排出。受操作温度的限制，换热面积不变的情况下负荷太低则尿液不能成膜，加热时间太长，则尿素水解和缩二脲生成将会增多。尿素产品中含缩二脲质量需小于 0.4%。

液体在汽提管内要有一定的停留时间，以提高分解率。管子太长或太短都是不利的，目前汽提管长为 6m。管数也不能太多，以免影响膜的形成，汽提塔出液温度控制在 162～172℃。控制塔底液位，以防止二氧化碳气体随液体流入低压分解工段，造成低压设备超压。

从汽提塔顶排出 180～185℃ 的气体，与新鲜氨及高压洗涤器来的甲铵液在约 14.0MPa 下一起进入高压甲铵冷凝器顶部。高压甲铵冷凝器是一个管壳式换热器，物料走管内，管间走水用以副产低压蒸汽。根据副产蒸汽压力高低，可以调节氨和二氧化碳的冷凝程度，控制冷凝量约为 80%，保留一部分气体在合成塔内冷凝，以便补偿在合成塔内甲铵转化为尿素所需热量，而达到自然平衡。所以把控制副产蒸汽压力作为控制合成塔温度、压力的条件之一。为了使进入高压甲铵冷凝器上部的气相和液相得到更好的混合，增加其接触时间，在高压甲铵冷凝器上部设有一个液体分布器。在分布器上维持一定的液位，就可以保证气-液的良好分布。

从合成塔顶排出的气体，温度为 180～185℃，进入高压洗涤器。在这里将气体中的氨和二氧化碳用加压后的甲铵液冷凝吸收，然后经高压甲铵冷凝器再返回合成塔，不冷凝的惰性气体和一定数量的原料气，自高压洗涤器排出高压系统。

高压洗涤器分为三个部分：上部为防爆空腔，中部为鼓泡吸收段，下部为管式浸没式冷凝段。从合成塔导入的气体先进入上部空腔，作为防爆的惰性气体（氨和二氧化碳之和不小于 89%），然后导入下部浸没式冷凝段，与从中心管流下的甲铵液在底部混合，在列管内并流上升并进行吸收。采用并流上升的冷凝方式是为了使塔底不会形成太浓的溶液而析出结晶。管内得到约 166℃ 的浓甲铵液。在高压洗涤器中甲铵冷凝放出的热量由高压调温水带走，调温水温度一般控制不低于 110℃。水温由循环冷却器的温度控制阀来控制。在下部浸没式冷凝段未能冷凝的气体，进到中部的鼓泡段，经鼓泡段吸收后的气体，尚含有氨、二氧化碳和一定数量的不凝气体进入中压洗涤器吸收。在合成塔到高压洗涤器的气相管线上设有安全阀，在防爆空腔的隔板上设有防爆板。

从高压洗涤器中部溢流出的甲铵液，其压力与合成塔顶部的压力相当。为将其引入较高压力的高压甲铵冷凝器（约高出 0.3MPa），必须用喷射器。来自高压液氨泵的液氨（压力约为 13.5MPa）进入高压喷射器，将来自高压洗涤器的甲铵升压，二者一并进入高压甲铵冷凝器的顶部。高压喷射器设在与合成塔底部相同的标高位置。从合成塔底引出一股合成反应液，与高压洗涤器的甲铵液混合，然后一起进入高压喷射器。引出这股合成反应液的目的：第一，为了保证经常有足够的液体来满足高压喷射器的吸入要求，而不必为高压洗涤器设置复杂的流量或液位控制系统；第二，合成塔引出的合成反应液含有一定量的尿素，可使高压冷凝器中的液体沸点得到提高，有利于提高副产蒸汽的操作压力。

（四）低压分离与循环回收

由低压精馏塔、低压洗涤器、闪蒸槽、尿液槽及其相应的换热器组成低压圈，由中压洗涤器、常压吸收塔、解吸塔、水解塔及相应的辅助设备组成尾气处理系统，这两个系统的功能是将反应液中的尿素分离出来送蒸发和造粒，同时将未转化为尿素的氨和二氧化碳加以回收，返回反应系统重新加以利用。所以这两个单元可以一并归为低压分离与回收系统。

1. 低压精馏塔

从汽提塔出来的反应混合物（压力约为 13.5MPa 左右，温度为 162～172℃），经液位控制阀减压膨胀，溶液中甲铵分解气化所需热量由溶液自身供给，溶液温度降至 120℃左右，汽-液混合物进入精馏塔顶部，喷洒到精馏塔填料上。液体从底部流出，温度约 110℃进入循环加热器，进行甲铵的分解和游离 NH_3 和 CO_2 的解吸，其热量由壳侧的低压蒸汽提供。加热蒸汽压力由调节阀调节流量大小来控制。离开循环加热器的气-液混合物在精馏塔分离段中气-液相发生分离，分离后的尿液经液位调节阀进入闪蒸槽，尿液温度为 135℃左右。分离出来的气体进入填料段与喷淋液逆流接触，进行传热传质，进一步吸收 NH_3 及 CO_2。离开精馏塔顶部的气体（NH_3/CO_2 为 2 左右）以及解吸回流泵送来的解吸冷凝液分别进入低压甲铵冷凝器冷凝。低压调温水温度一般控制在 50℃左右。

2. 低压洗涤器

从低压甲铵冷凝器来的低压甲铵冷凝液和未冷凝的气体同时进入低压洗涤器下部的液位槽，气体经液位槽洗涤器的联通短管进入洗涤器的填料层，与顶部下来的喷淋吸收液逆流接触，进一步吸收气相中的氨和二氧化碳，未吸收的气体通过低压调节阀进入常压吸收塔。吸收后的液体经溢流管流入下部液位槽漏斗与部分低压甲铵液混合，依靠重力差自然循环至低压甲铵冷凝器。低压洗涤器喷淋液来自中压洗涤器中的吸收液，为了提高喷淋密度，从低压洗涤器底部抽出一部分洗涤液经低压洗涤器循环冷却器后重新返回低压洗涤器。洗涤器下部的液位槽内的低压甲铵液通过高压甲铵泵送入高压洗涤器。

3. 闪蒸槽和闪蒸冷凝器

闪蒸槽的作用：降低尿液中游离氨和二氧化碳含量，降低蒸发系统的负荷，有利于尿液泵的正常运行；闪蒸冷凝液直接返回低压吸收系统，可降低解吸负荷，有利于系统的水平衡；降低了尿液的温度，有利于减少缩二脲的生成。

从低压精馏塔出来的尿液，经液位调节阀减压至45kPa（绝压）后进入闪蒸槽，尿液中的气体即闪蒸出来，闪蒸所消耗的热量降低了尿液自身的温度，闪蒸后的尿液从槽底流出。气体向上经气-液分离器，将夹带的液滴分离下来后从槽顶离开进入闪蒸冷凝器。

一般闪蒸后的尿液温度应控制在90～95℃，比尿素的结晶温度高20℃，闪蒸后尿液浓度达到约72%。正常情况下主要通过改变闪蒸槽的真空度来控制出液温度，真空度高闪蒸量增大，尿液温度下降，反之则升高。通过调节闪蒸冷凝器排气调节阀将闪蒸槽真空度控制在45～60kPa（绝压）。

闪蒸冷凝器尾气通过蒸汽喷射泵放空，冷凝液去碳铵槽，闪蒸槽的尿液去尿液槽。

4. 中压洗涤系统

中压洗涤塔、中压洗涤塔循环冷却器和中压洗涤循环泵组成中压洗涤系统。它是CO_2汽提法生产尿素过程中尿素合成塔出口气体经高压洗涤器一次吸收之后而设置的二次吸收系统。此系统的作用如下。

① 来自碳铵液槽的含氨和二氧化碳较少的稀溶液作为中压洗涤塔的吸收液，使高压洗涤器尾气中的氨和二氧化碳最大限度地予以吸收。

② 及时排放尿素高压合成系统的惰性气体，以提高高压合成转化率，减少高压洗涤器及其尾气燃烧爆炸的可能性和危险性。

来自合成塔系统的尾气从填料塔下部进入，与来自碳铵液槽的吸收液和循环吸收液在填料层中逆流接触，其中碳铵槽来的低浓度吸收液从第一段填料的上部进入吸收塔，循环吸收液从第二段填料的上部进入吸收塔。含氨和二氧化碳的合成尾气经两段填料塔吸收后，有效成分已经吸收完全，惰性气体通过塔顶压力调节阀放空。塔底的吸收液经中压洗涤塔循环冷却器冷却后一部分回流进入中压吸收塔，另一部分进入低压洗涤器作为该洗涤器的吸收液。

中压洗涤器塔顶压力控制为0.6MPa。

（五）常压吸收系统

来自低压洗涤器的尾气和来自解吸冷凝器缓冲槽的气相与来自碳铵液槽的吸收液在常压吸收塔的填料层中逆流接触，回收少量的氨和二氧化碳气体，吸收后的尾气通过塔顶放空阀放空，塔釜的吸收液回到碳铵液槽。

（六）解吸与水解系统

解吸与水解系统的设备包括解吸塔、水解塔、水解泵、解吸换热器、水解换热器、解吸冷凝器和解吸冷凝液缓冲槽等设备。

解吸与水解系统的任务是处理含氨工艺冷凝液，回收其中的 NH_3 和 CO_2（包括尿素中含有的 NH_3 和 CO_2），剩余含微量 NH_3 和 Ur 的水可排放掉，亦可另作他用（如锅炉水、循环冷却水的补充水等）。

含氨工艺冷凝液的工艺处理过程如下。

来自真空浓缩系统的工艺冷凝液（其中含有少量的 NH_3、CO_2 和 Ur）汇集在碳铵液槽中，用给料泵将工艺冷凝液送到解吸塔热交换器与第二解吸塔底出来的排放液互相换热，加热到 115℃ 送入第一解吸塔的第三块塔板上。工艺冷凝液在塔内自上而下流动，与含 NH_3 和 CO_2 的第二解吸塔的解吸气及水解塔来的二次蒸汽逆流相遇，工艺冷凝液中的大部分 NH_3 和 CO_2 被加热解吸出来。解吸后的溶液从第一解吸塔底引出，经水解塔给料泵加压后与水解塔底部出来的水解液换热，进入水解塔顶部塔板。第一解吸塔的液位由出液管上的调节阀自动控制。解吸塔顶压力控制在 0.2～0.28MPa 范围内。

在水解塔内，水解液体自上而下流动，而加热蒸汽由塔底送入，提供水解反应所需热量。蒸汽量由流量调节阀阀位来控制。溶液与蒸汽逆流相遇，接触后产生的二次蒸汽由塔顶逸出，进入第一解吸塔的第四块塔板。随液体温度上升，在 1.81MPa 压力和 200℃ 温度下，尿素不断分解为 NH_3 和 CO_2。从塔底出来的水解液中尿素的含量在 5mg/L 以下，利用其自身压力送入水解塔换热器，将热量传递给第一解吸塔出来的解吸液后进入第二解吸塔。

液体在第二解吸塔内自上而下流动，与塔底引入的低压蒸汽逆流相遇，加入的蒸汽提供解吸所需的热量。蒸汽量由流量调节阀阀位来控制。解吸后的液体含 NH_3 和 Ur 均在 5mg/L 以下，从塔底部排出，经解吸换热器使温度降至 50℃ 以下后，再经第二解吸塔塔釜液位控制阀排入地沟（或作为干净的脱盐水被其他用水设备使用）。

从第一解吸塔出来的气体，进入解吸冷凝器冷凝，冷凝液经解吸回流泵后大部分被送入低压甲铵冷凝器，小部分回流到第一解吸塔顶部作为回流液，用以控制顶部解吸气的组分。在解吸冷凝器中没有冷凝的气体经压力调节阀进入常压吸收塔进一步回收 NH_3 和 CO_2。

（七）尿液真空蒸发系统

该系统由一段蒸发器、二段蒸发器、尿液泵、熔融尿素泵、两个蒸发表面冷凝器及碳铵槽组成。

该系统的功能是将尿液浓缩后造粒，并将含氨、CO_2和少量尿素的工艺冷凝液回收。工艺过程如下。

尿液槽中的尿液含尿素70%～75%，经尿液泵送到一段蒸发加热器，尿液流量由设置在管道上的调节阀控制。一段蒸发加热器是直立管式加热器，尿液自下而上在管内流动，在真空抽吸下形成膜式蒸发。蒸发所需热量由低压蒸汽供给，其温度由温度调节器自动调节加热蒸汽压力来实现。蒸发产生的气-液混合物进入一段蒸发分离器进行气-液分离。蒸发二次蒸汽从顶部出来进入一段蒸发表面冷凝器中冷凝，冷凝液进入碳铵液槽。在一段蒸发冷凝器中未冷凝的气体由一段蒸发喷射器抽出。一段蒸发的压力控制在45kPa（绝压）左右，其真空度由一段蒸发喷射器维持，并通过一段蒸发喷射器的蒸汽用量来控制。一段蒸发器的温度控制在128℃左右。

一段蒸发出来的尿液浓度为95%（质量），温度为125～130℃，通过U形管进入二段蒸发加热器。尿液在管内进行升膜式蒸发，壳侧用0.8MPa蒸汽加热。二段蒸发压力为3～4kPa（绝压），其真空度由蒸发喷射器保持。从二段蒸发加热器出来的气-液混合物进入二段蒸发分离器进行气-液分离。分离后的气体由升压器抽出，压力升至12kPa（绝压），进入二段蒸发冷凝器，其冷凝液进入碳铵液槽。未冷凝气体由二段蒸发喷射器打入大气。蒸发系统所有喷射器均以自产低压蒸汽作为动力。

离开二段蒸发分离器的熔融尿素浓度为99.7%，温度为136～142℃，经熔融尿素泵送到造粒塔造粒。

（八）主要技术数据

尿素车间温度、压力控制点名称及其指标见表21-1。

表 21-1 尿素车间温度、压力控制点名称及其指标

序号	温度控制点	位号	稳态/℃	允许偏离/℃	压力控制点	位号	稳态*/MPa	允许偏离*/MPa
1	进汽提塔CO_2温度	TI101	110	±5	CO_2压缩机进口压力	PI101	0.056	±0.005
2	NH_3进合成系统温度	TI102	166	±5	CO_2压缩机一段出口压力	PI102	0.168	±0.016
3	汽提塔气相出口温度	TIC103	170	±8	CO_2压缩机二段出口压力	PI103	0.504	±0.05
4	汽提塔液相出口温度	TI104	170	±8	CO_2压缩机三段出口压力	PI104	1.512	±0.15
5	高压喷射器出口温度	TI105	166	±5	CO_2压缩机四段出口压力	PI105	4.536	±0.45

序号	温度控制点	位号	稳态/℃	允许偏离/℃	压力控制点	位号	稳态*/MPa	允许偏离*/MPa
6	高压甲铵冷凝器出口温度	TI106	170	±8	CO_2压缩机五段出口压力	PI106	13.60	±1.3
7	合成塔进口段温度	TI107	170	±8	CO_2流量计出口压力	PI107	13.5	±1.3
8	合成塔第八段反应区温度	TI108	182	±8	高压氨泵进口压力	PI109	2.5	±0.25
9	合成塔塔顶气相温度	TI109	185	±8	高压氨泵出口压力	PI111	13.5	±1.3
10	高压洗涤器液相出口温度	TI110	166	±5	NH_3流量计出口压力	PI113	13.4	±1.3
11	低压精馏塔塔顶温度	TI201	120	±8	低压蒸汽包蒸汽压力	PI115	0.35	±0.035
12	低压精馏塔底排液温度	TI202	135	±8	高压洗涤器塔顶气相压力	PI116	13.4	±1.3
13	低压循环加热器料液进口温度	TI203	110	±5	低压精馏塔塔顶压力	PI201	0.3	±0.03
14	低压循环加热器料液出口温度	TI204	135	±5	低压洗涤器塔顶压力	PIC202	0.15	±0.015
15	低压甲铵冷凝器出口温度	TI205	70	±5	闪蒸冷凝器气相出口压力	PI204	45kPa	±4kPa
16	闪蒸器出口尿液温度	TI206	95	±8	中压洗涤器塔顶压力	PIC301	0.6	±0.06
17	中压洗涤塔循环冷却器出口温度	TIC301	40	±5	中压洗涤器循环泵出口压力	PI302	1.77	±0.17
18	中压洗涤塔循环冷却器进口温度	TI302	160	±5	解吸塔顶压力	PIC303	0.28	±0.028
19	常压吸收塔吸收液进口温度	TI303	40	±5	水解泵出口压力	PI304	1.3	±0.13
20	解吸塔顶温度	TIC304	115	±8	水解塔塔顶压力	PIC305	1.25	±0.12
21	解吸换热器出口温度	TI305	115	±8	碳铵液泵出口压力	PI306	0.7	±0.07
22	第一解吸塔液相出口温度	TI306	135	±8	闪蒸冷凝器泵出口压力	PI401	0.45	±0.04
23	第二解吸塔塔顶气相温度	TIC307	135	±8	尿液泵出口压力	PI402	0.12	±0.01
24	第二解吸塔液相进口温度	TI308	138	±8	一段蒸发器出口压力	PI403	35kPa	±4kPa
25	第二解吸塔塔釜液相温度	TI309	145	±8	一段蒸发喷射器进口压力	PIC404	25kPa	±3kPa
26	水解塔塔顶温度	TI310	135	±8	二段蒸发器出口压力	PIC405	0.1kPa	±0.01kPa
27	水解换热器出口温度	TI311	145	±8	二段蒸发喷射器进口压力	PIC406	3.5kPa	±0.35kPa

序号	温度控制点	位号	稳态/℃	允许偏离/℃	压力控制点	位号	稳态*/MPa	允许偏离*/MPa
28	水解塔塔釜温度	TI312	205	±5				
29	一段蒸发温度	TIC401	128	±5				
30	一段蒸发排出尿素液温度	TI402	128	±5				
31	二段蒸发温度	TIC403	138	±5				
32	二段蒸发排出尿素液温度	TIC404	138	±5				
33	二段蒸发表面冷凝器排出气温度	TI405	40	±5				
34	一段蒸发表面冷凝器排出气温度	TI406	40	±5				

*：未标注"kPa"的数值单位均为 MPa（表压）；"kPa"为绝对压力。

五、实训操作

(一) 装置开车

1. 开工前的准备工作

原始开车前需要进行设备管线贯通、吹扫、试压以及部分设备的单试等工作，原始开车项目参见表 21-2。

表 21-2 原始开车统筹表

序号	步骤	小时	时间												
			4	8	12	16	20	24	28	32	36	40	44	48	52
1	公用工程系统开车	4	■												
2	系统冲液、系统引液	4		■											
3	小机泵单试	4			■										
4	高压系统打压试验	24				■	■	■	■	■	■				
5	低压解吸气密试验	8										■	■		
6	蒸汽管网建立自吹扫	4												■	
7	蒸发抽真空试验	2													■
8	氨泵、甲铵泵单试	2													■
9	系统联动试车	4													■
10	解吸、水解、升温、升压	4													■
11	包装动设备单试	2													■
12	装置联锁调试	2													■
13	高压升温	8													■
14	氨泵、甲铵泵启动	2													■
15	投料造料	4													■

2. 仿真装置开工前的准备工作与全面检查

① 检查所有现场阀门是否处于关闭状态。

② 开工控机电源，启动工控机。

③ 开机正常后，双击工控机的仿真快捷方式，打开仿真软件。

④ 双击桌面监控快捷键，打开监控界面。

⑤ 检测所有机泵和自控阀是否处于关闭状态。

3. 合成系统开车操作

① 通知低压系统供甲铵回流液，并通知尾气吸收系统、低压循环系统、蒸发系统、水解解吸系统开车。

② 开 HV104、H105、HV112、HV113，开压缩机，将 CO_2 送入高压汽提塔。

③ 开 TV103，高压汽提塔升温汽提。

④ 开 HV101、HV103，启动高压氨泵 P0801，关 HV103 时开 HV102，向高压合成系统送氨。

⑤ 开 HV117、HV119，启动 P0803，关 HV119 同时开 HV118，向高压洗涤器供洗涤液。

⑥ 开 PV115，并调节蒸汽出口阀开度，使蒸汽压力稳定在 0.35MPa。

⑦ 开 TV110，给高压洗涤器通冷却水，调节其开度，使 TIC110 稳定在 166℃左右。

⑧ 通知尾气系统中压洗涤器 T0803 接料。开 PV116，并调节其开度，使 PIC116 稳定在 13.4MPa。

⑨ 开 LV103 合成塔出料，并调节其开度，保持液位 LICA603 稳定（50%～80%范围内均可）。

⑩ 通知低压系统接料。开 HV114、LV101，合成系统出料去后续系统，调节 LV101 开度，保持 LIC101 液位稳定。

4. 低压循环系统开车操作

接到开车指令后，应做以下操作。

① 开 HV212。

② 接到中压洗涤器塔釜出料通知，开 HV206，向低压洗涤循环冷却器供冷却水。启动 P0804，给低压洗涤器供循环洗涤液。开 LV202，向低压洗涤器 V0803 输送来自中压洗涤器的甲铵洗涤液。开 PV202，并调节其开度，使低压洗涤塔压力（PIC202）控制在 0.15MPa 左右。

③ 接合成系统 CO_2 汽提塔釜出料通知，开 HV209，闪蒸冷凝器通冷却水。开 HV204，低压甲胺冷凝器通冷却水。开 TV204，低压循环加热器投用。调节其开度，使 TIC204 温度稳定在 135℃。

④ 开 HV201，向低压精馏塔送料。

⑤ 开 HV202，将低压精馏塔塔顶尾气送入低压洗涤塔。

⑥ 开 HV206，向低压洗涤循环冷却器供冷却水。启动 P0804，给低压洗涤器供循环洗涤液。开 HV205，将甲铵冷凝器出口的气-液混合物送低压洗涤器塔釜，进行气-液分离。调节 PV202 开度，使低压洗涤塔压力（PIC202）控制在 0.15MPa 左右。

⑦ 调节 HV204 开度，使 TI205 温度稳定在 70℃左右。

⑧ 通知蒸发系统开 J0802，对系统抽真空。

⑨ 开 LV201，将精馏塔釜尿液送闪蒸槽，并调节其开度，使 LIC201 液位稳定。

⑩ 开 PV203，并调节其开度，保持闪蒸槽的绝压控制在 45kPa 左右。闪蒸冷凝器尾气经 J0802 蒸发放空。

⑪ 开 HV207，将闪蒸气送闪蒸冷凝器。

⑫ 开 HV208，通知蒸发系统接甲铵液，将冷凝液送碳铵液槽。

⑬ 开 HV210，将闪蒸槽中的尿液排至尿液槽中。

⑭ 通知蒸发系统接料，开 HV211，将尿液送蒸发系统蒸发。调节 LV202 开度，控制 LICA202 液位稳定。

⑮ 开 HV203，将来自解吸回流泵的解吸液送甲铵冷凝器。

5. 尾气吸收系统开车操作

接到开车指令后，应做以下操作。

（1）解吸塔与水解塔

① 开 HV311，解吸冷凝器通冷却水。

② 开 FV302，将来自碳铵液槽的解吸液送解吸水解系统。

③ 启动 P0806，开 HV314，开 HV315，将解吸液送水解塔。

④ 开 HV316（最大开度 100％，最小开度 42.5％左右），水解塔通蒸汽，调节其开度，使 TI312 达 205℃。

⑤ 开 PV305，将水解气送解吸塔。调节其开度，使 PIC305 压力稳定在 1.25MPa。

⑥ 开 HV312，将解吸气送冷凝。

⑦ 开 HV310，将冷凝后的气-液混合物送气-液分离器分离。

⑧ 开 PV303，将冷凝后尾气送常压塔洗涤，并调节 PV303 开度，使 PIC303 压力稳定在 0.28MPa。

⑨ 开 LV305、HV313，将水解塔釜液送解吸塔釜，并调节 LV305 开度，使 LIC305 液位稳定在 50％左右。此时要注意及时调节 HV316 开度，使 TI312 稳定在 205℃。

⑩ 开 TV307，用蒸汽加热解吸液使解吸液解吸。调节其开度使 TI309 达 145℃。

⑪ 开 LV304 并调节其开度，使 LIC304 液位稳定在 50％左右。

⑫ 再次调节 HV316 开度，使 TI312 达 205℃。

⑬ 再次调整 PV303 开度，使 PIC303 压力稳定在 0.28MPa。

⑭ 启动 P0805，开 HV309、TV304、LV302，将冷凝液一部分回流解吸塔，一部分送碳铵液槽。

⑮ 调节 TV304，使 TIC304 稳定在 115℃。

⑯ 调节 LV302，使 LIC302 稳定在 50%。

（2）中压洗涤

① 通知蒸发系统送碳铵吸收液。启动 P0807，开 HV305、LV301，将碳铵液送中压洗涤塔。

② 开 V301，给中压洗涤塔循环冷却器通冷却水。

③ 待中压洗涤塔釜有液位后，启动 P0802，开 HV302、HV304，中压吸收系统吸收液开始打循环。

④ 接合成系统通知尾气接料，开 HV301，将合成尾气通入中压吸收塔吸收处理。调节 TV301 开度，使 TIC301 稳定在 40℃。

⑤ 通知低压循环系统，中压洗涤器塔釜出料。开 HV303，向低压洗涤器 V0803 送部分吸收液。

⑥ 开 PV301，并调节其开度，使 PIC301 压力稳定在 0.6MPa。

⑦ 当 LICA301 液位达 50% 时，调节 LV301 开度，使该液位稳定。

（3）常压吸收

① 通知蒸发系统，开 P0808 送料，开 FV301，将碳铵液送常压吸收塔。

② 开 HV308，将洗涤后的尾气放空。

③ 开 HV306，将低压洗涤器来的尾气送常压吸收塔。

④ 通知蒸发系统接常压洗涤液，开 HV307，将洗涤液送碳铵槽。

6. 蒸发系统开车

① 接尾气系统送料命令，开 HV403，给中压洗涤系统送碳铵吸收液。

② 开 HV409，启动尿液泵 P0809，开 FV401，向一段蒸发器送尿液进行蒸发。

③ 开 HV413，启动熔融尿素泵，开 HV414，尿液循环回尿液槽。

④ 开 HV405，一段蒸发表面冷凝器通冷却水，二段蒸发表面冷凝器通冷却水。

⑤ 开 PV404，启用一段蒸发喷射泵 J0802，并调节其开度，使 PIC404 稳定在 35kPa 绝压左右。如低压循环工序通知开 J0802 系统，操作方法同本步。

⑥ 开 HV407，将蒸发的水蒸气送 E0812 一段表面蒸发冷凝器。

⑦ 开 PV406，启用二段蒸发喷射泵并调节其开度，使 PIC406 稳定在 3kPa 绝压左右。

⑧ 开 PV405，启用升压器，并调节其开度，使 PIC405 稳定在 0.1kPa 绝压左右。

⑨ 调节 TV401 开度，使 TIC401 温度稳定在 128℃左右，调节 TV403 开度，使 TIC403 温度稳定在 138℃左右。

⑩ 开 HV404，将冷凝液送碳铵液槽。

⑪ 开 HV406，将二段表面冷凝器的冷凝液送碳铵液槽。

⑫ 开 LV403，关 HV414，停尿液循环，将浓缩尿液送造粒系统，并调节其开度，使 LIC403 料位稳定。

⑬ 如尾气系统送料命令，开 HV401，启动 P0808 碳铵液泵，开 HV402，给常压洗涤塔送吸收液，并给水解系统送水解液。

（二）装置正常停工

尿素装置正常停车的一般程序如下。

高压系统封塔→停蒸发→水解塔封塔后停解吸→高压系统封塔后处理→系统排放

1. 正常停车前准备

① 增大解吸水解系统的负荷，将氨水槽（包括备用槽）液位降到低液位。

② 停车前将高压冲洗水泵投入运行并提压到约 15.0MPa，以备高压系统封塔后冲洗高压甲铵泵和高压喷射器前氨管线等。

③ 高压系统排放前，应检查确认高压排放管线是通畅的。

④ 接停车通知后，将高压系统负荷降至 65%～70%，将 CO_2 中的氧含量提高到约 1%（体积）。

⑤ 通知工厂的其他岗位注意在尿素停车期间整个蒸汽系统的稳定运行。

⑥ 通知污水处理岗位，密切注意尿素装置停车期间排出的污水对环保的影响，做好处理高浓度含氨污水的应急准备。

⑦ 由于停车过程中存在污染的可能性，因此在停车前要向环保管理部门做好污染物排放的申报工作。

2. 高压系统停车操作

（1）高压系统封塔操作要点

① 将高压系统负荷降低到 65%～70%。

② 关 HV101，停高压氨泵 P0801，关 HV102。

③ 关 HV118，停高压甲铵泵 P0803，开 HV119 泄压，关 HV117。

④ 开 HV107、HV108、HV109，关 HV112、HV105，停 CO_2 压缩机 C0801，缓慢开 HV111，将压缩机气缸内的余气缓慢放空。

⑤ 高压洗涤器保温，使温度不低于 120℃，防止管道有结晶物。

⑥ 迅速关闭 LV103。

⑦ 迅速关闭 HV114、LV101。

⑧ 关闭合成塔出液阀，同时，应及时将低压蒸汽包压力提至 0.5～0.55MPa。保证系统温度不低于 120℃，防止管道系统有结晶物产生。

（2）封塔后处理

装置停车后，一定要及时完成将所有工艺物料管线冲洗干净等后处理工作，保证系统安全。

（3）高压系统排放操作

合成系统封塔时间不超过12h，压力不低于8.0MPa，否则做排放处理；合成系统封塔期间，如循环系统冲洗干净，可将循环系统停车；每2h冲洗有关管道一次。

① 打开LV103，当LICA103液位降为0时，迅速关闭LV103。

② 打开HV114、LV101，当LIC101液位降为0时，迅速关闭HV114、LV101。

3. 低压循环系统停车操作

① 关HV201，停止向低压精馏塔进料。

② 关TV204，停止精馏塔塔釜加热。

③ 当LICA201液位降至0%时，关LV201。

④ 关HV202。

⑤ 关LV202、HV203。

⑥ 关HV206。

⑦ 停P0804。

⑧ 关HV205、HV212。

⑨ 关HV204、PV202。

⑩ 关HV210、HV207。

⑪ 关PV203。

⑫ 关HV208、HV209、HV211。

4. 蒸发系统停车操作

在该系统停车过程中要严格按照先尿液降量循环，然后破真空，再降低温度的程序。在进行破真空和降温操作过程中，二段蒸发器的真空度仍然要比一段蒸发器高一些，以保持尿素顺利的循环。操作顺序如下。

① 关LV403，停止熔融液进入造粒喷头，开HV414使尿液返回尿液槽建立循环。

② 降低尿液流量至50%～60%，尿液降量循环。

③ 关PV404，破一段真空；关PV405、PV406，破二段真空。然后关TV401，停一段蒸汽；关TV403，停二段蒸汽。

④ 关HV414，停P0810，关HV413、FV401，停P0809，关HV409，停止向蒸发系统进尿液。

⑤ 待各设备温度降到50℃以下时，关HV405，停一段、二段蒸发表面冷凝器冷却水。

⑥ 进行系统冲洗并排液，停车完成。

5. 尾气处理系统停车操作

解吸水解系统的停车按照先降负荷、停水解塔、停解吸塔，然后排放、冲洗回流冷凝液系统的顺序进行。本次实验不考虑减负荷，停车操作顺序如下。

① 关 FV302，关 LV304，停止解析塔进料和出料。

② 关 TV307，停止解析塔釜供热。

③ 关 HV314、HV315，停 P0806，停止向水解塔供料。

④ 关 HV316，停止水解塔塔釜供热。

⑤ 关 HV313、LV305，停止水解塔塔釜出料。

⑥ 关 PV305，停止水解塔塔顶出料。

⑦ 关 TV304、LV302、HV309，停 P0805。

⑧ 关 HV312、PV303，停止解析塔顶出料。

⑨ 关 HV311，停解析冷凝器冷却水。

常压塔停车顺序如下。

① 关 HV306，停止常压塔进气。

② 关 FV301，停止常压塔进洗涤液。

③ 关 HV307，停止常压塔出料。

④ 关 HV308，停止常压塔顶出尾气。

中压洗涤塔停车顺序如下。

① 关 HV301，停止向中压洗涤塔进气。

② 关 HV305、LV301，停止向中压洗涤塔进碳铵液。

③ 关 HV302、HV303、HV304，停 P0802，停止中压洗涤塔洗涤液循环。

④ 关 TV301，停中压循环冷却器冷却水。

⑤ 关 PV301，停止中压洗涤塔排尾气。

(三) 紧急停车

1. 停工原则

(1) 本装置因外界原因而无法继续生产或发生重大事故，经努力处理而不能解除事故，也不能维持生产，外装置发生重大事故，严重威胁本装置安全生产，应进行紧急停工。

(2) 物料系统发生大量泄漏，设备发生爆炸或火灾事故，应紧急停工。

(3) 重要机泵发生事故无法修复，而备用设备又长时间启动不了，可进行紧急停工。

(4) 长时间停水，停电，停风，停汽，DCS 长时间死机可紧急停工，但应尽量按正常停工步骤进行。

紧急停工操作人员得到调度同意后，加强组织领导，保持镇静，忙而不乱，首先要正确判断，然后进行正确处理。

系统凡遇到下列情况之一，立即做紧急停车处理。

① 主蒸汽压力突降或断蒸汽。

② 断仪表空气。

③ 断 CO_2、断氨。

④ 断电。

⑤ 氧含量低于 0.1％达到 15min 以上或断防腐空气。

⑥ 断循环冷却水。

⑦ CO_2 压缩机跳车。

⑧ 氨、甲铵液大量泄漏等，致使现场情况不明而无法正常停车。

2. 紧急停工原则性步骤

① 高、低压系统封塔停车。

② 压缩机系统导出放空，氨泵循环，甲铵泵停运串水。

③ 调整高、低调温水温度，依次停各小泵。

④ 根据情况解吸减负荷至最低，碳铵液槽液位降至最低，解吸水解系统转循环或停运。

⑤ 冲洗相关管线。

六、注意事项

1. 开车到稳态并达到规定负荷后，各控制器应投自动。如部分 PID 参数不满足控制要求，可适当调整。

2. 停工后注意关闭各现场及 DCS 控制阀门。

七、实训数据记录表

自行设计数据报表，要求完整反映工段内所有工艺指标在一个完整开停车周期内的变化。

自行设计开停车操作记录表，并注明每一步操作的目的。

八、实训报告要求

1. 简述工段内主要设备的结构和功能，并列出相应的工艺参数。

2. 根据现场设备和 DCS 控制台数据，绘制分工段的 PID 图，要求标明所有信号线和控制线，以及全部总管。

3. 开停车操作过程记录与数据报表。

4. 整理数据并讨论开车至稳态过程中工艺参数偏离正常值的原因和解决方法。

5. 参阅其他手册，编写符合本装置实际的紧急停工操作规程。

九、思考题

1. 简述 CO_2 进料中引入空气的原因？

2. 简述 HV111、HV115、HV119、HV213、HV320、HV321 和 HV412 等阀门的用途。

3. 查阅资料列表比较氨汽提法、二氧化碳汽提法和 ACES 改良 C 法在工艺条件、操作弹性、动力消耗和设备材料四个方面的不同。

4. 高压圈原始开车要钝化并升温到 $130\sim150℃$，投氨前系统压力要大于 8.0MPa。查阅资料简要说明该要求的原因，并说明如何修改本高压圈开车流程。

5. 以流程中某具体指标为例讨论 PID 控制中比例、积分和微分三个参数的作用。

第六章 ≫≫≫
精细化工产品生产实训

◀ 实验 22　1-苯基-1-丙酮的工业化生产 ▶

一、实验目的

1. 通过本实验掌握 Friedel-Crafts 反应的操作及原理。
2. 掌握产物从反应液中分离的方法。
3. 掌握化工生产中腐蚀性气体的吸收方法。

二、基本原理

在无水三氯化铝的的作用下，苯与丙酰氯发生 Friedel-Crafts 酰化反应生成 1-苯基-1-丙酮。

$$\langle\!\!\!\bigcirc\!\!\!\rangle + CH_3CH_2COCl \xrightarrow{AlCl_3} \langle\!\!\!\bigcirc\!\!\!\rangle-COCH_2CH_3 + HCl$$

三、实验方法及步骤

1. 酰化缩合

检查 500L 反应釜内是否有水，有水不得进行投料操作，该步反应必须在无水状态下进行。投料前开启冷凝器降温系统，冷凝器相关阀门开启或关闭；经计量罐向 50L 反应釜 I 中依次加入 35L 甲苯，当真空度控制在 500H$_2$OkPa 以内时，从人孔处投入 17.5kg 三氯化铝催化剂，并同时开启搅拌，在 10min 内加完催化剂（避免催化剂过长时间暴露在空气中受潮，影响催化效果），投完催化剂盖好投料口。催化剂投加完后视温度情况，开冷冻盐水降温（夏天）或开蒸汽升温（冬天），釜温在 32～35℃时，缓慢滴加事先备好的 12.0kg 丙酰氯。滴加时严格控制釜温在 38～40℃之间，滴加过程中会有大量 HCl 气体产生，视尾气大小适当调整尾气真空度在 500H$_2$OkPa 以内，避免发生冲料事故。反应料液的颜色变化由橘黄色逐渐变为黄棕色，然后变为棕色，最后变为深棕色。滴加时间为 2～3h，滴加后期要控制好釜温，使釜温在保温过程中保持在 39～41℃之间，滴加快结束时提前关闭反应釜Ⅰ的冷冻盐水，避免滴完后温度过低。酰氯滴加完后，在 39～41℃之间保温 2～3h（保温过程中不要停搅拌），保温结束，立即进行水解工段操作。每操作一步，记录一次。

2. 水解

向 50L 的反应釜Ⅱ加入 40L 自来水，有套用水时，要用套用水，套用水量不够要补加自来水，确保水量在 40L（冬天需将水温升至 35℃）。反应釜Ⅰ保温结束后，开 50L 反应釜Ⅰ搅拌，运行前开启冷凝器降温系统，并开启冷凝器的冷却盐水，将冷凝器进出阀门导向相应的反应釜位置。将反应釜Ⅰ中的反应液匀速滴加到反应釜Ⅱ中，控制滴加速度，使反应釜Ⅱ的釜温控制在 65～80℃之间，滴加时间 1.5～2h，滴加过程应有大量的回流（从 50L 反应釜Ⅱ视盅观察），无回流要查明原因，原因不明需及时检查并报告。（滴加时反应剧烈，有 HCl 气体产生）滴加结束，迅速将反应釜Ⅱ釜加满水至釜口处，搅拌 15min（搅拌时间过长会加速物料乳化，致使物料不分层，影响收率），静置 30min 取小样检测分层效果，如分层明显，分出下层酸液，此时酸水应为淡黄色，酸水中氯化铝含量在 30%左右，酸水浓度比为（1.30～1.31）∶1。酸水经缓冲罐再由分液泵转入酸水储罐；酸水分完后直接分乳化层，乳化层同样经缓冲罐再由分液泵分到乳化收集罐，待收集到一定数量，用苯萃取后再碱解，回收油层，提高产品收率；乳化层分完成后向反应釜Ⅱ中加入 38L 自来水洗涤 10min（加水后如果釜温低于 65℃，需将温度升至 65℃以上），静置分出下层水层至套用水罐（作为下批水解水），洗涤水为清水或略带乳白色。洗涤水分完成后再向水解釜加 4L 自来水，加水的同时，加入氢氧化钠溶液（0.16kg 氢氧化钠，0.80kg 水），边加水，边搅拌，碱量以 pH7～8 为准，碱和水加完搅拌 10min，停搅拌，静置 30min 分出下层水至碱水储罐。上层有机油层经分液泵转到高位罐，转入脱苯反应釜Ⅲ。

3. 蒸馏脱苯

运行蒸馏脱苯前开启冷凝器降温系统，冷凝器相关阀门开启或关闭。开启 50L 反应釜Ⅲ夹套蒸汽，控制夹套蒸汽压不超过 0.5MPa，将釜温升至 105℃，开启搅拌。控制温度和蒸馏速度蒸出未反应的苯至粗苯接受罐，当釜温达到 135℃时，开启反应釜Ⅲ的底阀，开启反应釜底部蒸汽阀，向釜内通蒸汽鼓泡，将釜温升至 140℃。控制底部蒸汽压在 0.2MPa 左右，鼓泡蒸汽不可开得过大，防止冲料，鼓泡蒸馏不超过 30min。

4. 减压蒸馏

运行前开启冷凝器降温系统，冷凝器相关阀门开启或关闭。向蒸馏釜Ⅳ中加入一定量的脱苯的 1-苯基-1-丙酮，缓慢开启导热油加热系统，将油温缓慢升至200～250℃，同时开启水环真空泵，冷凝器降温水，确保系统真空度维持在−0.095MPa 以上，开启油循环泵升温，前期粗苯收集在粗苯接受罐中，粗苯收集完后，冷凝器出现断流现象，蒸馏釜釜温会升高，当釜温达到 140～145℃，有蒸馏液流出，取样化验，当含量达 99.9% 时，收集 1-苯基-1-丙酮产品至成品接收罐中，随时监控。当没有馏出液时，将阀切换至低沸罐，向蒸馏釜补料。每两批分馏操作结束后，在高温状态下排渣一次，用桶收集，摆放到指定处，统一处理。方可重复以上方法操作下一批物料。当成品接受罐达到最大液位，取样合格后，罐装 200kg/桶。

四、思考题

1. 水解过程应注意哪些事项？
2. 本反应三氯化铝为什么要过量？
3. 蒸馏脱苯时，为什么要开启反应釜底部蒸汽阀向釜内通蒸汽鼓泡？

实验 23 苯甲醚的工业化生产

一、实验目的

1. 通过本实验掌握 Williamson 合成芳香醚的操作及原理。
2. 掌握苯甲醚从反应液中分离的方法。

二、基本原理

苯酚钠与硫酸二甲酯发生亲核取代反应生成苯甲醚。

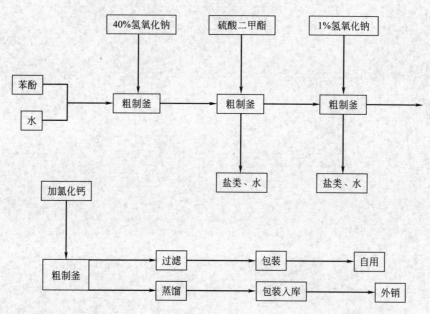

三、生产工艺流程图

四、实验方法及步骤

在 50L 的反应釜中加入 6.0kg 苯酚、9.6kg 水，开启搅拌，打开冷凝器进出口阀、放空阀，关闭进料阀，开冷凝器及反应釜冷却水，在搅拌下滴加 40% 氢氧化钠溶液 15.0kg，滴加速度控制在料液温度 35～38℃，滴完后，保温 30min，保温结束后，滴加硫酸二甲酯 17.4kg，滴加速度控制在料液温度 50～55℃，滴加结束后，关闭反应釜冷却水，加热物料至温度 90～100℃，物料温度达到 90℃

后，开始计时，反应 2h。停搅拌，静止分出水层，分尽后，加入 1.0%氢氧化钠溶液，加完后，搅拌 30min，静置 30min 后，从底部分水，得粗制苯甲醚，再经减压蒸馏得纯品苯甲醚蒸馏，装桶入库。

五、思考题

1. 使用硫酸二甲酯应注意哪些事项？
2. 怎样提高苯甲醚的收率？

一、实验目的

1. 通过本实验掌握 Friedel-Crafts 酰基化反应的操作及原理。
2. 掌握产物从反应液中分离的方法。
3. 掌握化工生产中腐蚀性气体的吸收方法。

二、基本原理

间苯二酚与三氯苄发生 Friedel-Crafts 酰基化反应生成 2,4-二羟基二苯甲酮。

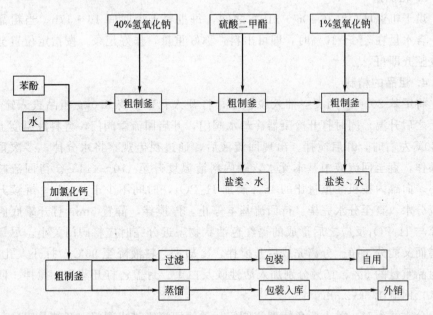

三、生产工艺流程图

四、实验方法及步骤

1. 2,4-二羟基二苯甲酮粗品的生产

在粗品 50L 的反应釜中加 10.0kg 的水，开启搅拌，升温，同时将甲醇 4kg

（99％/20℃）抽入高位槽中待用，待水温达到 35℃ 时，投入间苯二酚 6.3kg。密封加料孔，开启真空泵使釜内处于负压状态，同时调节蒸汽阀，控制升温速度，搅拌 5～10min 使间苯二酚完全溶解后，加入甲醇；高位槽放料完毕后，将三氯甲苯 12.5kg 抽入高位槽待用。待料液温度升至 54℃ 时开始滴加三氯甲苯，反应温度控制在 54～56℃，5～6h 滴加完毕。

滴加完毕后，料液保温，温度控制在 54～56℃ 之间 4h，然后通冷却水将料液冷却，同时釜内加水至反应釜口（密封垫）下 200mm 位置；物料冷却至 28℃ 以下即可放料。同时，关闭真空泵。

2. 粗品抽滤

铺好抽滤槽滤布，加入清水，使滤布浸入 10mm 以上，将放料软管浸入水中，打开放料阀放料（使料液中的 HCl 气体用水吸收，避免外泄）；打开出料阀将料液放入抽滤槽中，逐步加入料液，严禁料液溢出。在加料同时加水洗涤和打开抽滤槽的水阀。待料液放入至距槽上沿 5cm 处，停止放料，开真空泵抽滤。开真空泵前要将排水阀抽滤阀打开，开启真空泵，待排水阀空气倒灌时再关闭排水阀，将料液抽干。再加水至距槽上沿 5cm 处洗涤，重复洗涤直至洗液呈中性方可停止洗涤，抽干，停真空泵。将料转至离心机将其甩干，粗品水分低于 16％ 方可出料，产品用袋装好，码放整齐，称重并做好记录。

3. 粗品烘干

烘干机温度控制在 105～115℃ 之间，每批料干燥时间 16～17h。当粗品烘干、含水量在 5％～10％ 时，即可出料，称好重量，作好记录，按指定位置分批码放整齐即可。

4. 粗品的精制

将甲苯 20.0kg 用真空抽入脱色罐，打开人孔盖，将 8.0kg 粗品投入罐内，封严之后升温，同时打开冷凝器冷却水阀门，开启回流管阀门，待料液温度上升到 80℃ 左右时，开启搅拌。出现回流液后，通过视盅观察将水分掉，多次重复此操作，直至回流液中基本无水，罐内料液温度升至 110～114℃。待回流减至最小，向罐内按粗品重量比的 15％ 滴加 H_3PO_4，时间不少于 30min，继续升温回流分水，直至分水完毕。待回流基本停止，停搅拌，静置 5min 打开罐底阀门分掉与 H_3PO_4 反应之后形成的褐红色油状物，近分完时应将阀门关小，尽量少带料而又能分干净。分离完成后开搅拌，冷却水，料液降至 90℃，打开人孔盖，按粗品重量的 5％、15％ 分别加入活性碳及白土。封盖、打开蒸汽、搅拌、回流分水，回流 1.5～2.0h。

分水结束时，关上脱色罐蒸汽阀门，关闭回流管进出阀门，开结晶锅冷凝器冷却水阀门及上气口阀，结晶锅进料阀，最后开脱色罐出料阀，检查是否畅通，堵塞时应用工具疏通。

启动空压机，开脱色罐压缩空气，最后开脱色罐出料阀、压滤罐进料阀，通过视镜观察来料情况，如有堵塞及时疏通（禁止带压疏通），结晶锅进料后启动搅拌。

脱色罐内料液压完后，关闭压滤罐进料阀，改在压滤罐上通压缩空气继续压滤，同时开脱色罐冷却水。

全部压完之后关闭所有保温预热蒸汽阀门，打开结晶锅冷却水，适当控制水量，以至结晶不太细小。

5. 抽滤

待结晶锅内料液温度降至与冷却水温度相差 2～3℃时即可出料，铺好离心机滤布，打开结晶锅底阀放出结晶液。若无料液流出，应用铁钎等物疏通，必要时打开结晶锅盖上的视镜用工具疏通。离心机经全速运转 10min 以上，排液管基本无母液流出，停止离心机，分次刹车制动，完全停止后，将晶体取出装袋，并迅速扎口，防止杂物进入产品，离心过程中随时检查地罐液位，防止溢液。料液放完关闭底阀，停止结晶锅搅拌，关闭冷却水阀门，开启冷却水排水阀门，将所得湿成品称量，做好记录，取样分析。

6. 干燥

将湿成品转至烘干机，干燥时间 2.5～3.0h，经抽检合格后方可出料（精品失重≤0.2％），待干精品冷却后，进行整料、筛分，根据检验质量按不同的批号及质量入库堆放，或根据订单要求，进行计量包装。封口时内袋扎口距顶端约 10cm，并将袋内空气放尽，封口前应检查封口机，加油润滑。

五、思考题

1. 2,4-二羟基二苯甲酮粗品生产中应注意哪些事项？
2. 粗品的精制中，加入磷酸的作用是什么？

实验 25 2-羟基-4-甲氧基二苯甲酮的工业化生产

一、实验目的

1. 通过本实验掌握工业上生产 2-羟基-4-甲氧基二苯甲酮操作及原理。
2. 掌握产物从反应液中分离的方法。
3. 掌握化工生产中产品精制的方法。

二、基本原理

2,4-二羟基二苯甲酮与硫酸二甲酯反应生成 2-羟基-4-甲氧基二苯甲酮。

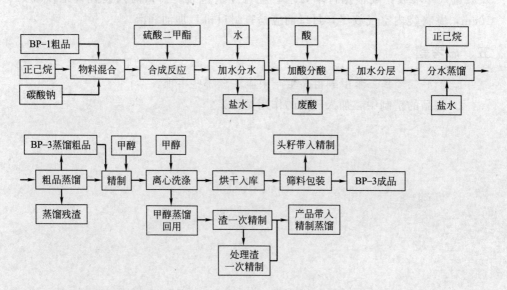

三、生产工艺流程图

四、实验方法及步骤

1. 2-羟基-4-甲氧基二苯甲酮粗品的生产

向粗品 50L 反应釜中加入正己烷 10.0kg，开启搅拌，投入 2,4-二羟基二苯甲酮 7.5kg，碳酸钠 4.0kg，亚硫酸氢钠 0.033kg，密闭加料孔。开启二甲酯泵将硫酸二甲酯泵入计量罐中进行计量，将计量准确的二甲酯 5.7kg 用真空抽入储罐中待用。

开启冷凝器冷却水阀，开启回流管阀门，升温；待物料温度升到 45℃ 时，投入硫酸二甲酯 5.7kg；调节蒸汽阀门，控制蒸汽压力，使物料缓慢升温，以避免暴沸现象。待温度升至 60℃ 时开始计时，控制蒸汽量将温度保持在 68～70℃，进行小回流反应 4h，同时通过视盅分水。

反应结束后，保温 1h。然后向釜内加水 22.0kg。在加水的同时升温，待物料处于回流状态时，根据反应釜容积，继续加水 4.5kg 左右，同时控制蒸汽量，使回流状态保持半小时左右。停搅拌器，保温静置 1h。

静置结束后，打开釜底阀门，分出水和杂质（水放入储罐存放）；水分尽后，向反应釜中滴入磷酸 1.2kg（时间约 30min），再升温至沸，回流 30min。静置 1h，分掉油状杂质。加热，常压蒸馏正己烷。釜内温度至 100℃ 以上时，开始减压蒸馏，直至釜内温度达到 110℃ 以上，将水及正己烷蒸尽。蒸尽后，将料抽至蒸馏釜，同时取样分析含量。

2. 粗品蒸馏

将液态的 2-羟基-4-甲氧基二苯甲酮粗品（90～100℃）用真空泵通过辅受槽抽料至蒸馏釜内，关闭真空阀，打开辅受槽的排空阀，对整个蒸馏系统进行排空。然后停止真空泵；开启电热器自动加热，温度上限控制在 265℃，同时开启搅拌，料温升至 180℃ 后开启汽水串联真空泵，通过辅受槽减压蒸馏；待馏出物料颜色纯正后切换真空阀，通过主受槽减压蒸馏将产品收集至主受槽中。蒸馏末期馏出物料颜色变为暗红色，此时再次切换真空阀，通过辅受槽蒸馏，直至无物料馏出。停止电加热，关闭真空阀，停止汽水串联真空泵。同时，根据蒸馏釜残余物情况，决定是否排渣；一般情况下，每蒸馏三批，需进行一次排渣。

3. 产品精制

开启结晶锅排空阀门，密封加料孔，泵入纯净甲醇约 27L，开启搅拌，开冷凝器冷却水，然后打开主受槽底阀，将其中物料通过压缩空气压入结晶反应釜内，根据计量待压入数量达到要求时，关闭主受槽底阀，打开主受槽上部阀门，将管道内剩余物料全部压入结晶锅内，物料全部压入后，开始加热升温至 65℃ 左右（弱回流状态）保温半小时；然后通水冷却，关闭冷凝器冷却水；若有需要，物料温度冷却至 35℃ 以下时，处理锅壁；然后开冷冻水冷冻，直至结晶锅内物料温度降至 5℃ 以下，通知离心岗位人员和检验人员。

4. 产品离心抽滤

待结晶锅内物料温度降至 5℃ 以下时即可出料，铺好离心机滤布，打开结晶锅底阀放出结晶液流入离心机。若无料液流出，就用尼龙棒或塑料棒等物疏通。离心机全速运转 5min 以上后，在离心机运转的情况下均匀地洒入新甲醇，洗涤晶体表面，继续全速运转 10min，停离心机，待离心机停止后，打开离心机盖，将产品取出，料液放完后，关闭底阀，停止搅拌。将所得湿产品称重，做好记录，并通知质检人员取样分析，检验合格后通知下一道工序。

5. 干燥、筛分及包装、入库

检验合格的湿产品投入双锥干燥器中；投料时要防止杂质进入；开启真空，同时开启双锥干燥器，开启蒸汽阀和水阀，通过热水循环缓慢加热。将物料缓慢加热至50℃后，保温1h以上，然后通冷却水冷却，待温度下降30℃以下后，停止双锥干燥机，同时取样进行中控分析。中控分析合格后进行出料、包装，贴标签入库。

五、思考题

1. 2-羟基-4-甲氧基二苯甲酮粗品生产中应注意哪些事项？
2. 产品的离心、抽滤、干燥应注意哪些事项？

一、实验目的

1. 通过本实验掌握工业上生产 2-羟基-4-甲氧基二苯甲酮-5-磺酸操作及原理。

2. 掌握产物从反应液中分离的方法。

3. 掌握化工生产中产品精制的方法。

二、基本原理

2-羟基-4-甲氧基二苯甲酮与氯磺酸反应生成 2-羟基-4-甲氧基二苯甲酮-5-磺酸。

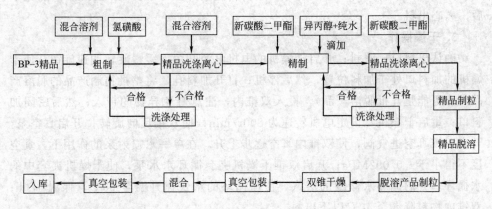

三、生产工艺流程图

```
混合溶剂  氯磺酸        混合溶剂      新碳酸二甲酯   异丙醇+纯水   新碳酸二甲酯
                                                      ↓滴加
BP-3精品 → 粗制 → 精品洗涤离心 →        精制      →  精品洗涤离心
              合格  不合格                      合格  不合格        精品制粒
              洗涤处理                          洗涤处理             ↓
                                                                  精品脱溶
入库 ← 真空包装 ← 混合 ← 真空包装 ← 双锥干燥 ← 脱溶产品制粒 ←──────┘
```

四、实验方法及步骤

1. 2-羟基-4-甲氧基二苯甲酮-5-磺酸粗品的生产

开启溶料罐加料孔,开启搅拌,投入 2-羟基-4-甲氧基二苯甲酮精品 6.25kg,密闭加料孔,充分搅拌至全溶;当溶剂环境低于 20℃时,应略升温至 35~38℃,待全溶后,开启空压机,再打开溶料釜底部出料阀、粗制反应釜进料阀,将2-羟基-4-甲氧基二苯甲酮溶液压入 50L 粗制反应釜。

开启真空，将 3.3kg 氯磺酸抽入氯磺酸高位槽中待用。开启粗制反应釜搅拌、冷凝器冷却水；开启反应罐上汽口、回流管口，升温；待物料温度升至40℃，开始滴加氯磺酸，约 4h 滴加完毕，同时开启尾气吸收，吸收反应中产生的 HCl 气体；控制真空度，使真空表微微起表，减少溶剂消耗；在滴加过程中，控制反应温度为 40～45℃；滴加完毕，保温 30min；保温结束后，缓慢升温至回流（升温时间约 2h，回流时物料温度为 70～71℃），然后保温回流 1h 以上，在保温的同时，开启氮气进气阀，从罐底通氮，控制氮气压力为 0.015～0.02MPa；排出 HCl 气体；直至反应罐自然排空时，排空口无 HCl 气体溢出；开启冷却水进、回水阀，冷却物料至 35℃以下；当物料温度至 35℃以下时，开启冷冻水，对物料冷冻至 2℃以下；当物料温度冷冻至 2℃时，离心出料。

2. 精制操作规程

打开 50L 精制罐加料孔，将 2-羟基-4-甲氧基二苯甲酮-5-磺酸粗品投入精制罐内，密封加料孔；开启精制罐上汽口、搅拌、蒸汽，对物料升温，注意控制蒸汽量，待物料温度升至 40℃时，应关闭蒸汽，避免物料温度超过规定，并根据温度上升的速率，决定是否开启冷却水，以控制物料温度不超过 48℃；开启异丙醇滴加阀，滴加异丙醇，滴加初期可适当提高滴速；至物料基本全溶时，应降低滴速，缓慢滴加至物料全溶。异丙醇滴加完毕，温度控制在 48℃，保温45min。保温结束，开启冷却水降温至物料温度 35℃以下；当物料温度降至35℃以下，开启冷冻水，当物料温度降至 10℃时，开启纯水滴加阀，缓慢滴加纯水；滴加纯水的同时，继续冷冻；当物料温度降至 2℃以下，且纯水滴加完毕后，离心出料。

3. 干燥操作

确认出料口已密封；开启干燥机的电机电源开关，缓慢旋转调速旋钮，使干燥机的加料口处于加料位置，然后停机；打开加料孔，将整批精制产品的脱溶产品（有可能是几批脱溶产品），投入双锥内，注意避免异物的带入；然后密闭加料口；重启干燥机，设定电机转速为 800r/min；使双锥反向旋转；开启真空泵，开启双锥真空进气阀，使双锥内真空逐步上升，在单一水喷射泵的作用下，真空度不得小于 −0.092MPa；开启双锥干燥机夹套循环水水泵，使干燥机夹套中的水循环，开启循环水储罐的蒸汽，使已循环的水快速升温至 65℃，保温 1.0h；双锥内物料降温至 40℃以下出料。

五、思考题

1. 2-羟基-4-甲氧基二苯甲酮-5-磺酸粗品生产中应注意哪些事项？
2. 产品的离心、抽滤、干燥应注意哪些事项？

实验 27　三氯甲苯的工业化生产

一、实验目的

1. 通过本实验掌握苄基氯化反应的操作及原理。
2. 掌握三氯甲苯工业化生产的方法。

二、基本原理

氯气与甲苯发生取代反应生成三氯甲苯。

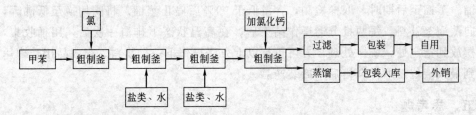

三、生产工艺流程图

```
                 氯                          加氯化钙
                 │                              │
                 ↓                              ↓         过滤 → 包装 → 自用
甲苯 → 粗制釜 → 粗制釜 → 粗制釜 → 粗制釜
                 ↓         ↓                              蒸馏 → 包装入库 → 外销
              盐类、水    盐类、水
```

四、实验方法及步骤

1. 氯化反应

经计量罐向 50L 反应釜中投入 35L 甲苯，从人孔处快速投入催化剂过氧化二苯甲酰 0.3kg，投完催化剂盖好投料口，并同时开启搅拌。开启盐酸循环泵一级、二级和三级尾气吸收泵，调节尾气真空度，使其控制在微负压（≤10mmHg）。打开冷凝器、一级、二级降膜吸收塔冷却水阀门。反应釜夹套内通入蒸汽进行升温，使釜内温度升温至 80℃，关闭蒸汽阀门，等釜内温度升至 90℃时开始开启光源，缓慢通入氯气，通氯气 1h 时滴加三乙醇胺 250mL。在通入氯气过程中，要严格控制温度在 90～125℃（氯化前期温度要严格控制在 95～105℃，每小时温差不大于 5℃，最终结束温度 100～110℃）。如果气相管变黄，观察温度，若出现温度下跌，要及时升温，当再次出现下跌时，应取样分析，当二氯甲苯含量为 0.1%～0.2%，方可停止通氯。保温 1h（保温过程中不要停搅拌），取样分析二氯甲苯含量≤0.05%，三氯甲苯含量≥98.5%时，停止反应。

2. 水洗

向反应釜中投入适量 10％碳酸钠水溶液，将反应液碱洗至中性，停止搅拌，静置 30min 分层。将下层油相分入水洗釜中，上层水层至碱水罐或污水池。向水洗釜中加入 10L 水，搅拌 15min 后，静置分层。上层为水相，下层为油相。将油相转入干燥釜中，水相至复用水罐（作为下批水洗水，重复使用 2～3 次）。

3. 干燥

向反应釜中投入适量无水氯化钙，搅拌 1h 后停止搅拌，用压缩空气将物料压入过滤罐，过滤出氯化钙，物料进入蒸馏釜进行精制。每批次压滤完成后对过滤罐进行清理，更换新无水氯化钙。

4. 减压蒸馏

运行前开启冷凝器降温系统，冷凝器相关阀门开启或关闭，开启冷凝器降温水。缓慢开启导热油加热系统，将油温缓慢升温至 200～250℃，同时开启水环真空泵，开始缓慢带真空（防止喷料），至系统真空度达到 $-0.095MPa$ 以上并维持此真空度不变。开启油循环泵升温，减压蒸馏收集 97～98℃/1.6kPa 馏分，蒸馏前期取样检测含量达到 99％后，收集三氯甲苯于成品接收罐中，随时监控。将前馏分收集在粗品接收罐中，带到下批次粗制产品中进行除水处理后带入蒸馏。蒸馏至后期时，取样检测，含量低于 99％后停止蒸馏。将阀切换至低沸罐，向蒸馏釜补料。每两批分馏操作结束后，在高温状态下排渣一次后，用桶收集，摆放到指定处，统一处理。方可重复以上方法操作下一批物料。当成品接受罐达到最大液位，取样合格后，罐装产品。

五、思考题

1. 三氯甲苯生产中应注意哪些事项？
2. 甲苯氯化时，加入催化剂过氧化二苯甲酰后，为什么还要滴加三乙醇胺？

一、实验目的

1. 通过本实验掌握 4-乙酰氧基氮杂环丁酮的工业化生产各步的操作及原理。
2. 掌握 4-乙酰氧基氮杂环丁酮的工业化生产的方法。

二、基本原理

L-苏氨酸与亚硝酸钠、盐酸、氢氧化钠发生重氮化、分子内亲核取代反应生成（2R,3R)-2,3-环氧丁酸（中间体 A）。A 再与对甲氧苯氨基乙酸乙酯（中间体 B）反应制得（2R,3R)-N-乙氧羰甲基-N-(4-甲氧基苯基)-2,3-环氧丁酰胺（中间体 C）。C 在六甲基二硅氮烷、氨基锂作用下环合成（3S,4S)-3-[(1R)-1-羟乙基]-4-乙氧羰基-1-对甲氧苯基-2-氮杂环丁酮（中间体 D）。最后 D 经羟基保护、水解、氧化脱羧、臭氧化脱保护基制得 4-AA{(3R,4R)-3-[(1R)-叔丁基二甲基硅氧乙基]-4-乙酰氧基-2-氮杂环丁酮}。

三、实验方法及步骤

1. (2R,3R)-2,3-环氧丁酸（中间体A）的合成

分别向 50L 的反应釜中投入 10.20kg 的 36% 工业盐酸和 5.00L 水，开启搅拌，反应釜夹套内通入冷冻盐水，待釜内温度降至 3～6℃，向反应釜内投入 L-苏氨酸 3.00kg，控制内温 5～10℃，连续而缓慢地投加亚硝酸钠 5.00kg（10h加完），在 5～10℃ 保温 1h。升温至 20～25℃，保温 1h。开启真空泵，开始缓慢带真空（防止喷料），至系统真空度高于 −0.085MPa，并维持此真空度不变，抽去残留的 NO_2 气体。内温冷却至 −2℃，缓慢滴加 15.10kg 的 40% 氢氧化钠溶液，使内温控制在 0℃ 以下（约 10h 滴完），滴加完毕后，保温 1h。升温至 23℃，保温 15h。保温完成后，开始冷却至 −5～−4℃，滴加浓盐酸，调节 pH=1.8。放料至 100L 萃取釜中，加入 50.00g 四丁基溴化铵，乙酸乙酯 30.00L，搅拌 30min，静置分去下层水层，用 30.00L 乙酸乙酯分四次萃取水相，提取时控制内温在 10℃ 以下，合并有机相。向有机相中加入 3.75kg 无水硫酸镁，搅拌干燥 3h。干燥完成后，用压缩空气将物料压入到过滤罐，将硫酸镁进行过滤，滤液再加入 3.75kg 无水硫酸镁，搅拌干燥 3h。过滤，滤液减压浓缩，控制系统真空度高于 −0.09MPa，温度 20～25℃。将浓缩液转至干燥釜中，加入 3.00kg 无水硫酸镁搅拌干燥 3h，抽滤，得到 1.90kg 浅黄色液体中间体 A。

2. 对甲氧苯氨基乙酸乙酯（中间体B）的合成

分别向 50L 的反应釜中投入 6.00kg 三乙胺，3.00kg 对氨基苯甲醚，开启搅拌，向反应釜夹套内通入蒸汽，加热至釜内内温升至 93～96℃ 后，开始回流，再缓慢滴加 3.29kg 氯乙酸乙酯，保温 1h。冷至 80～85℃，减压回收三乙胺。至外温 90℃，真空度 ≤ −0.08MPa 时，基本上无液滴，即结束回收。开始降温至 40～45℃，再加入 8.25kg 甲醇溶液，待内温降至 20℃ 以下时，放料至备有 30.00kg 冰水的结晶釜中，内温冷却至 5～10℃，保温 2～2.5h，抽滤，滤饼用 1.00kg 的甲醇和 2.50kg 水混合液淋洗。收集滤饼，将滤饼投入到装有 7.75kg 甲醇的 50L 反应釜内，开启搅拌，升温至回流，回流保温半小时。保温毕，冷却至 5～10℃，保温搅拌 2～2.5h。反应完成后，抽滤，滤饼用 1.00kg 的甲醇和 1.50kg 水混合液洗涤，离心甩干，真空干燥（控制温度为 35℃，真空度 ≤ −0.09MPa）24h，得 3.75～4.0kg 浅黄色固体中间体 B。

3. (2R,3R)-N-乙氧羰甲基-N-(4-甲氧基苯基)-2,3-环氧丁酰胺(中间体C)的合成

向 50L 的反应釜中投入 1.90kg 中间体 A，开搅拌并通氮气保护，内温冷至 −15℃，开始滴加 N-甲基吗啉 2.20kg，控制温度 −15～−10℃，20～30min 滴完，再缓慢滴加 2.35kg 氯甲酸乙酯，控制内温 −13～−8℃，保温 1h。再加入 3.70kg 中间体 B，控制内温 −15～−10℃，保温 30min。再缓慢升温至 20～

30℃，保温 16h，抽滤，得滤液，除去 N-甲基吗啉盐酸盐。滤液用 10% 的 17.5kg 盐酸水洗涤，搅拌 20～30min，静置 20～30min 洗涤毕，重复两次。再分别用 20kg 的 25% 氯化钠溶液、15kg 的 8.33% 碳酸氢钠溶液、15kg 的 25% 氯化钠溶液各洗涤一次。分去水层，有机层加 2.50kg 无水硫酸镁干燥。干燥毕，滤渣用 2.5kg 乙酸乙酯洗涤，合并有机层控制釜内温度在 35℃ 以下，真空度≤−0.090MPa 蒸馏，至基本无液滴流出时结束。蒸馏出残留油状物加入甲苯 2.25kg，搅拌冷却至室温，收料称重即得深红色黏稠液体 5.3～5.5kg，即为中间体 C。

4. (3S,4S)-3-[(1R)-1-羟乙基]-4-乙氧羰基-1-对甲氧苯基-2-氮杂环丁酮(中间体 D)的合成

向 15L 干燥洁净的高位槽中，分别投入 3.09kg 六甲基二硅氮烷、6.25kg THF、400g 氨基锂，打开氮气保护，同时开搅拌缓慢升温到 50～60℃，并保温 1h。保温毕，继续升温至 80～85℃，关氮气控制温度在 80～85℃，回流保温 2h 保温毕，充氮气保护，冷却至 30℃，固体与液体离散得灰棕色溶液，待用。分别向干燥的 50L 反应釜中投入 5.50kg 中间体 C、甲苯 27.00kg，充氮气保护，搅拌，内温降至 −25℃，滴加上述准备好的溶液，控制温度不超过 −10℃。监测反应终点。反应完成后，将反应的料液转入装有 4.00kg 的 31% 工业盐酸和 25.00kg 冰水的 50L 反应釜中。搅拌 10min，用固体碳酸氢钠调节 pH=7.0～7.5。静置分层，水层用 4.50kg 的甲苯萃取，合并有机层，有机层分别用 30kg 的 3% 盐酸水溶液、16.25kg 的 17.3% 氯化钠溶液、15kg 的 8.33% 碳酸氢钠溶液各洗涤一次。洗涤毕，再加 3.00kg 无水硫酸镁搅拌干燥 3h，过滤，滤渣用约 1.50kg 甲苯洗涤，弃滤渣合并有机层，有机层控制温度在 45℃ 以下，减压蒸馏至基本无液滴流出，结束蒸馏，再加入甲苯 1.50kg，石油醚 0.65kg，搅拌均匀放料至反应釜，在 −5℃ 冷冻 24h，离心甩干，滤饼用 200g 甲苯和 150g 石油醚的混合液淋洗甩干得灰白色固体中间体 D，控制温度 50℃、真空度≤−0.09MPa，干燥 10h。

5. (3S,4S)-3-[(1R)-1-叔丁基二甲基硅氧乙基]-4-乙氧羰基-1-对甲氧苯基-2-氮杂环丁酮(中间体 E)的合成

在反应釜中加入 5.50kg DMF，开搅拌，加入 2.40kg 中间体 D，冷却至内温 −5～0℃，加入 1.00kg 三乙胺，控制内温 −5～0℃，搅拌 30min。1.25kg 叔丁基二甲基氯硅烷，自然升温约 2h，温度升至 30～35℃，保温 12～16h。加入 7.50kg 水，冷却至 0～10℃，再加 7.50kg 氯仿，搅拌 15h，静置分层。将氯仿层分至水洗釜中，水层中加入 7.50kg 氯仿搅拌 15min。静置分层，合并氯仿层，氯仿层分别用 7.50kg 水、5.55kg 的 3% 盐酸洗涤、5.6kg 的 8.33% 碳酸氢钠溶液、8.75kg 的 14.3% 氯化钠溶液各洗涤一次，静置分层，分出氯仿层。控制外温 45～50℃，真空度≤−0.098MPa，减压回收氯仿至基本无液滴流出，放

料得红色油状物中间体（E）。

6. (3S,4S)-3-[(1R)-1-叔丁基二甲基硅氧乙基]-4-羧基-1-对甲氧苯基-2-氮杂环丁酮(中间体F)的合成

在反应釜中加入 3.00kg 中间体 E、17.50kg 甲醇，升温至 25℃，控制内温 25～30℃滴加 3.85％的 9.1kg 氯化钠溶液，4～5h 滴完。保温 15～18h。用 1.0mol/L 盐酸调反应液 pH＝8.5～9.0。控制外温 35～40℃，真空度 ≤－0.098MPa，减压回收甲醇，蒸至流出液很慢，回收甲醇 15～17.5kg 时，结束蒸馏。将反应液放入另一反应釜中，加入 17.50kg 水、3.75kg 氯仿，搅拌 15min，静置分层。氯仿层分至水洗釜中，上层水层分别用 3.75kg 氯仿萃取两次，合并氯仿层于水洗釜中，在氯仿层中加入 7.5kg 水，搅拌 15min，静置分层，将氯仿层转入蒸馏釜中常压蒸馏，将上层水层抽入反应罐中，控制外温 35～40℃，真空度≤－0.098MPa，减压回收剩余氯仿待蒸馏瓶内基本无泡沫现象后，结束蒸馏。在有机层中加入 2.00kg 丙酮，控制内温 15～20℃，用 1.0mol/L 盐酸调节料液 pH＝3.0～3.5，控制内温 15～20℃，搅拌结晶 2～3h 保温毕，用水淋洗滤饼至 pH＝6～7 抽干，收料得中间体 F 湿粗品。在反应釜中加入 11.25kg 甲醇，搅拌升温到 60～65℃，加入中间体 F 湿粗品，加入 75.00g 药用炭，控制内温 60～65℃，回流保温 10min，压滤，滤渣用 0.25kg 甲醇洗涤，合并滤液至结晶釜中，搅拌，加入 1.25kg 水，冷却待内温冷到 0～5℃，搅拌结晶 2～3h 以上。放料离心甩干，用 500g 甲醇与 250g 水混合液淋洗滤饼，甩干收料得中间体 F。控制温度 60～65℃，真空度≤－0.095MPa，在真空干燥箱中干燥 44～48h，收料，得到白色粉末状固体中间体 F。

7. (3R,4R)-3-[(1R)-1-叔丁基二甲基硅氧乙基]-4-乙酰氧基-1-对甲氧苯基-2-氮杂环丁酮(中间体G)的合成

在反应釜中加入 8.00kg 冰醋酸，2.00kg 醋酐，投入 1.00kg 中间体 F，内温升至 50℃，停止加热，将 2kg Pb₃O₄ 倒入加料槽中（分次投料，0.5h 投一次 250g 料），溶液变为橘红色澄清溶液，控制内温 50～55℃，3.5～4.0h 内加完。保温 30～45min 反应完全后，加入 35.00g 乙二醇，反应 2h。减压回收冰醋酸，控制外温 65～70℃，真空度≤－0.096MPa 浓缩至基本无液滴流出（约回收冰醋酸 7.75～8.25kg）此时有固体析出。冷却内温至 30℃，加入 7.50kg 氯仿，搅拌 30min。再加入 12.5kg 的 30％氯化钠溶液，搅拌 2h 放料至离心机中离心，甩干。滤渣用 3.75kg 氯仿洗涤，水层用 3.75kg 氯仿萃取，合并氯仿层，氯仿层分别用 7.50kg 水，8.38kg 的 10.45％碳酸氢钠溶液、3.75kg 的 33.3％氯化钠水溶液洗涤静置分层。有机层减压回收氯仿，分别用 0.7kg 甲醇套蒸两次，蒸馏毕，加入 4.00kg 甲醇，搅拌，再加入 75.00g 药用炭，升温至回流，保温 30min，过滤，滤渣用约 0.25kg 甲醇洗涤，过滤。滤液冷却到－2～2℃后，加入约 1.00kg 水，保温 2～2.5h。放料至离心机中离心，甩干，用 0.25kg 的 50％

甲醇水溶液淋洗滤饼，控制温度 50～55℃，真空干燥得到白色（带点黑）固体中间体 G。

8.（3R,4R)-3-[(R)-1-叔丁基二甲基硅氧乙基]-4-乙酰氧基-2-氮杂环丁酮(4-AA)粗品的合成

在反应釜中加入 4.00L 甲醇、1.50kg 中间体 G，通入臭氧 18h，臭氧浓度 25～26mg/L，氧气流速 24～28m³/L，关高压停止通臭氧。滴加 14.4% 的 9.35kg 硫代硫酸钠水溶液，控制温度在 5℃ 以下，3～4h 滴加完毕。再加入 0.45kg 硫脲，控制温度在 10℃ 以下，1h 加完。控温在 10～25℃，保温 6h。反应完成后，将料抽到浓缩釜内开始减压蒸馏回收甲醇，控制外温 40℃ 以下，真空度 0.09MPa 以下浓缩出约 12.5kg 甲醇，蒸馏完成。加水 10.00kg，冷却、结晶，离心，用纯化水淋洗，甩干，得带有微黄色粉末 4-AA 湿粗品。

9. 4-AA 纯品的精制

在反应釜中加入 7.50kg 乙酸乙酯，投入三批 4-AA 粗品 3.00kg 搅拌 10～15min，溶解后加入 2.50kg 水，静置分层。有机层转入反应釜，水层用 2.5kg 乙酸乙酯萃取，合并有机相。在有机层中加入 1.00kg 元明粉，搅拌约 20min，放入抽滤器中抽滤，滤渣用 2.5kg 乙酸乙酯洗涤，合并滤液于蒸馏釜中。控制温度 35～40℃，减压回收乙酸乙酯，用 1.0kg 正己烷套蒸。蒸馏结束后，加入 12.00kg 正己烷，升温溶解，将溶解后的反应液泵至脱色釜中，加入 0.15kg 药用炭，控制内温 50～58℃ 回流脱色 5～10min，抽滤。用约 1.5kg 正己烷洗涤滤饼。合并滤液至反应釜中，冷却控制内温 0～5℃，搅拌 2.5～3.5h 放料至离心机中离心甩干。滤饼用少许冷冻过的正己烷淋洗，离心甩干。控制温度 50～60℃，真空度≤－0.096MPa，将滤饼真空干燥 6～6.5h，收料得到白色针状晶体 4-AA 纯品。

四、思考题

1. 工业上生产 4-AA 应注意哪些事项？
2. 怎样提高（3R,4R)-3-[(1R)-羟基乙基]-4-乙氧羰基-1-对甲氧苯基-2-氮杂环丁酮的收率？

参 考 文 献

[1]　杨祖荣．化工原理实验 [M]．北京：化学工业出版社，2014．

[2]　闫志国，陈启明．化学工程与工艺专业实验 [M]．北京：化学工业出版社，2010．

[3]　李德华．化学工程基础实验 [M]．北京：化学工业出版社，2008．

[4]　傅延勋，杨伟华，徐铜文等．化学工程基础实验 [M]．合肥：中国科学技术大学出版社，2010．

[5]　郑旭煦，陈盛明．化学工程与工艺专业实验 [M]．北京：科学出版社，2014．

[6]　赵宗昌．化学工程与工艺实验教程 [M]．大连：大连理工大学出版社，2009．

[7]　陈敏恒，丛德滋，方图南等．化工原理 [M]．北京：化学工业出版社，2016．

[8]　米镇涛．化学工艺学 [M]．北京：化学工业出版社，2006．

[9]　潘文群．传质与分离操作实训 [M]．北京：化学工业出版社，2006．